阅读推广人系列教材（第五辑）

中国图书馆学会　编
王余光　霍瑞娟　李东来　总主编

U0166784

图书馆空间设计与阅读推广

主　编　宋兆凯
副主编　董艳丽　李　鹏　杜二梅

朝華出版社
BLOSSOM PRESS

图书在版编目（CIP）数据

图书馆空间设计与阅读推广 / 宋兆凯主编 . -- 北京：
朝华出版社，2020.8
阅读推广人系列教材 . 第五辑
ISBN 978-7-5054-4606-9

Ⅰ . ①图… Ⅱ . ①宋… Ⅲ . ①图书馆建筑—建筑设计
—教材②图书馆—读书活动—教材 Ⅳ . ① TU242.3 ② G252.17

中国版本图书馆 CIP 数据核字（2020）第 050443 号

图书馆空间设计与阅读推广

主　　编　宋兆凯
副 主 编　董艳丽　李　鹏　杜二梅

选题策划　张汉东
责任编辑　韩丽群
责任印制　张文东　陆竞赢

出版发行　朝华出版社
社　　址　北京市西城区百万庄大街 24 号　　　　　邮政编码　100037
出版合作　（010）68995593
订购电话　（010）68996050　68996618
传　　真　（010）88415258（发行部）
联系版权　zhbq@cipg.org.cn
网　　址　http://zhcb.cipg.org.cn
印　　刷　武汉市新华印刷有限责任公司
经　　销　全国新华书店
开　　本　710mm×1000mm　1/16　　　　　　　字　　数　148 千字
印　　张　14
版　　次　2020 年 8 月第 1 版　　2020 年 8 月第 1 次印刷
装　　别　平
书　　号　ISBN 978–7–5054–4606–9
定　　价　55.00 元

阅读推广人系列教材
编委会

总 序

由中国图书馆学会（以下简称"中图学会"）主持编写的丛书"阅读推广人系列教材"，是中图学会"阅读推广人"培育行动的一部分。

自 2005 年中图学会设立科普与阅读指导委员会（2009 年更名为"阅读推广委员会"）以来，各类型图书馆逐步重视开展阅读推广活动，并取得了丰硕的成果。在阅读推广过程中，很多图书馆面临不少问题，其中没有适合从事阅读推广的馆员是一个重要问题，而这对图书馆阅读推广活动能否持续、有效、创新地开展，将产生重要的影响。

鉴于此，中图学会阅读推广委员会于 2013 年 7 月，在浙江绍兴图书馆举办了"首届全国阅读推广高峰论坛"。这一论坛的目的是为图书馆免费培训阅读推广人，造就一支理念新、专业强、技能高的阅读推广人才队伍。首届论坛获得了图书馆界同人极高的评价。此后，在 2014 至 2015 年，中图学会阅读推广委员会又在常熟、石家庄、镇江、成都、临沂举办了五次免费培训，都取得了良好效果。

在绍兴阅读推广人培训之后，中图学会阅读推广委员会便着手考虑培训的专业化与系统性。为了更好地将阅读推广人培训工作顺利推进，委员会于 2014 年 7 月为中图学会制订了《培育阅读推广人行动计划(草案)》。该草案分四个部分：前言、培训课程体系与教材、专家组织、考核与能力证书授予等。关于阅读推广人，"前言"中写道：

"阅读推广人"是具有一定资质，可以开展阅读指导、提升读者阅读兴趣和阅读能力的专业与业余人士。

全民阅读、阅读推广，是立足中国文化、提高中华民族素质与竞争力的重要举措，近两年来受到政府与社会的广泛关注。为了推动全民阅读工作规范有效开展，培训"阅读推广人"是十分重要与必要的，也是很多机构，如学校、图书馆、大型企业、宣传部门十分需要的。

中国图书馆学会长期以来开展阅读推广活动，积累了丰富的经验，并拥有一批该领域的专家学者，从事全民阅读与阅读推广研究，他们承担课题或从事教育培训，取得了一定的成果，为进一步开展"阅读推广人"的培训、资格认证提供了重要的基础。作为以促进全民阅读，为读者终身学习提供保障为目标和社会责任的图书馆，应当成为阅读推广人培养与成长的摇篮。

中国图书馆学会为了更好地帮助图书馆、学校、大型企业、宣传部门等机构开展阅读推广工作，将阅读推广人培训作为一项长期工作。为了培训工作更好与规范地开展，特制订《培育阅读推广人行动计划》。参加培训的学员，通过一定的考核，中国图书馆学会将授予学员"阅读推广人"资格证书。

2014年12月11日，中图学会阅读推广委员会举办的"全民阅读推广峰会暨'阅读推广人'培育行动启动仪式"在常熟图书馆举行。会上，中图学会正式启动"阅读推广人"培育行动。

在"阅读推广人"培育行动中，教材的编写成为首要任务。这套"阅读推广人系列教材"是国内首套针对阅读推广人的教材。由于没有相关的参考著作，教材可能还存在一些不足。在今后使用过程中，对教材中存在的问题与不足，主编将做进一步的修订与完善。这套教材的问世，对中国阅读推广人的培育将发挥积极的推动作用。

"阅读推广人系列教材"　编委会

前　言

　　当代图书馆肩负着推广全民阅读的重任，在图书馆建筑以及内部，需设计能够提升用户人文艺术修养、激发创意的特别空间，体现出图书馆人性化、舒适化、智能化兼具艺术美感的文化内涵，有效提升图书馆的服务品质。在过去的二十余年，图书馆建筑及空间设计发生了深刻的变革。最明显的改变在于，图书馆从威严的知识殿堂转变为平等亲民的、人性化的读书学习和交流场所。在这个转型过程中，"共享空间""第三空间"等理念颇受图书馆界关注，并得到较为广泛的应用。图书馆建筑和内部空间与阅读推广服务之间的相互作用凸显了图书馆机构的存在感，其设计布局及功能设置亦代表着图书馆的综合发展水平。

　　图书馆是人类文明的宝库，图书馆建筑是承载这座"文明宝库"的艺术瑰宝。图书馆与图书馆建筑一同走过了几千年的人类文明史，从单一到多元，从封闭固定到开放灵活，从小单间到建筑群，从高大书架林立到计算机与图书交互使用，从古代藏书楼、教堂图书室到现代化、数字化、智能化图书馆，图书馆的理念、功能、受众、资源、服务及建筑空间设计思想都发生了深刻的变化。

　　传统图书馆的空间设计有以下三个特征：一是正式性。传统图书馆空间的设计非常单一，阅览室各自独立，读者只能用一种非常正式的方式进行阅读，这种刻板的方式对读者来说是一种束缚。二是封闭性。传统图书馆在阅读时间和空间上都做了限制，读者只能在固定的时间固定的地点进行阅读，这严重降低了阅读的乐趣，削弱了图书馆对读者的吸引力。三是单一性。传统图书馆最明显的特点就是功能的单一性，读者到图书馆只能实现借阅图书、浏览期刊报纸等基本功能，阅读本是为了放松身心，而图书馆共享互动空间的缺失让读者难以实现交流的目的，降低了读者的阅读兴趣，影响了阅读推广的效果。

随着时代的进步，现代图书馆的空间设计更强调功能化和人性化，图书馆在时间和空间上实现了全面开放，增加了 24 小时阅读区、休闲自习区、数字资源服务区、概念店等共享互动空间，设计上也更具人性化，满足了读者的多元需求，为推广全民阅读提供了空间上的可能性，还读者一个自由的阅读环境。

图书馆承载的工作内容决定了其功能空间的设置。在阅读式微的年代，图书馆承担着更多推广阅读、推广文化的责任，更需要兼具人文情怀与创新精神的阅读空间。从阅读推广的角度出发，重新审视信息技术冲击下图书馆空间设计的发展方向，强调全民阅读时代图书馆空间设计对于阅读推广的支持作用，既是形势所趋也是形势所需。融合人文与科技理念进行空间设计的图书馆，必然是一个丰富、多元、极具吸引力的有机生长体。

编者

2020 年 2 月

目　录

图书馆建筑空间设计的发展

图书馆是人类文明的宝库，图书馆建筑是承载这座"文明宝库"的艺术瑰宝。图书馆与图书馆建筑一同走过了几千年的人类文明史，从单一到多元，从封闭固定到开放灵活，从小单间到建筑群，从高大书架林立到计算机与图书交互使用，从古代藏书楼、教堂图书室到现代化、数字化、智能化图书馆，图书馆的理念、功能、受众、资源、服务及建筑空间设计思想都发生了深刻的变化。

第一节　建筑、空间与图书馆

建筑和空间是人类活动的发生场所，图书馆的功能、服务和资源必然离不开建筑和空间。建筑空间的发展史即图书馆的蜕变史，建筑空间设计的进步推动了图书馆功能和资源的拓展，图书馆内涵的不断丰富又刺激了建筑空间设计的创新。总之，在图书馆事业飞速发展的今天，图书馆人重视研究图书馆与建筑、空间的关系对图书馆理念创新、功能发挥、服务深化有着重要的意义。

一、建筑与图书馆

建筑是随着人类生命活动的发展而产生的，人们根据自身生存、交流、活动的需求，利用各种物质材料和所掌握技能、技术，并运用一定的科学规律、技术标准、实用原则和美学法则创造的供人类进行各种生产或者生活等活动的场所。

图书馆建筑是为实现图书馆使命与功能，满足读者文化需求，为人们在图书馆内外的活动创造良好环境的大型公共文化服务场所。著名建筑大师贝聿铭先生认为：图书馆的责任就是创造一种环境，更多地关注读者，让所有人能够在里面尽情地享受知识的甘露。所以，读者是图书馆的最终享用者和最终评估者，图书馆设计应将读者的需求与感受放在首位。

图 1-1　宁波图书馆　　　　　　　　图 1-2　沧州图书馆

图书馆建筑形体和外立面设计要首先做到大气、和谐、美观，且必须做到实用、坚固、安全、环保。大多数现代图书馆建筑在形体和外立面设计上注重吸收中西方优秀传统元素和现代进步元素，在保证安全性和实用性的基础上注重绿色节能与人性化，同时追求建筑的艺术美、协调美及技术的人性化，力求为所在区域带来文化品位的提升，给读者一种建筑美感的享受。

图书馆的建筑结构总体上决定了其内部的空间尺度与布局，而建筑的层高、开间的大小等决定着内部空间的使用[①]。图书馆内部空间要与建筑外观相互呼应、相得益彰，引人注目的建筑外观应配备令人满意的内部空间设计。

当然，图书馆的建筑方式除了新建以外，对原来的建筑进行扩建和改造也是一种不错的选择，根据以往经验，在原址上扩建和改造一般可以保留图书馆优越的地理位置，更靠近交通便利和人口聚集区域。当前许多城市选择将图书馆新馆建设在土地资源相对充足的新城区或者城郊，致使图书馆的服务辐射能力受到周边发展程度、交通、人流和安全的制约。所以，当政府和图书馆意识到图书馆现有空间不能实现图书馆的功能和服务时，如书库及书架饱和、计算机和读者座位不足、家具等设施陈旧、阅读推广活动及新技术服务空间落后等，就要积极投入资金进行扩建和改造，为图书馆阵地源源不断地输送新鲜血液，使图书馆像人类

---

① 肖小勃，乔亚铭.图书馆空间：布局及利用［J］.大学图书馆学报，2014，32（4）：103-107.

文明和中华民族优秀文化一样常青，从而满足读者日益增长的文化需求和图书馆发展的新趋势。

二、空间与图书馆

空间，是一个跨学科的概念，内涵丰富，它贯穿人类生存、进化和文明的发展史，可以说我们的生活、学习、工作、娱乐等等的各种肢体行为和心理感受，都与空间有着密切的联系。现代社会人类生存所依赖的建筑空间是我们对创造和设计实用空间的基本认识和理解，进而，建筑学及相关的空间设计学科成为空间与我们关联密切的学科环节。在建筑学中，"空间"是一个外延广泛的概念。通常来说，空间是指由结构和界面所限定围合的供人活动、生活、工作的区域。

图 1-3　沧州图书馆东门门厅

图 1-4　宁波图书馆阅览大厅

图 1-5　中铁售楼中心和社区图书馆

图 1-6　沧州图书馆报纸与期刊阅览区

一般我们认为，图书馆空间应是图书馆应用各种技术和材料，为适应社会需求，实现自己的使命和功能，经过论证、调整、再造，形成的布局合理、功能丰富、读者认可的图书馆空间的集合。信息技术和互联网背景下的现代化图书馆空间不仅包含物理实体空间如建筑、界面、物理环境、陈设、家具、设备等，还包括电子数据库、网络服务器、无线网络、电子数据库等为代表的虚拟空间。俄国学者维克多·泽维斯基（Victor Zverevich）同样认为图书馆空间由实体空间和虚拟空间两个层面构成，图书馆实体空间是用于存储印刷资源和传统文献资料，并提供读者服务的物理空间的集合，是图书馆的业务、服务、交流活动及各种技术的发生场所[①]。本书所述的"图书馆空间"如无特殊说明则仅限于图书馆的实体空间。

第二节　图书馆建筑空间的历史沿革

图书馆自产生以来无疑是一个民族、一个国家的文化象征，贮藏图书是图书馆最广为人知的功能，然而图书馆的重要意义在于它发展成为了阅读和学习的重要场所，在一定程度上孕育、保存、活跃了人类文化和文明。千百年来，图书馆建筑和空间布局在人类文明的沃土中，以其特有的功能设计一代代延续，保存了世界各民族的文化传统。

一、人类文明早期的图书馆

大约公元前 3400 年至公元 600 年是人类文明形成的重要时期，也是图书馆产生、发展的重要时期[②]。那时，人类文明已经孕育了各种类型图书馆的雏形，包括百科全书式图书馆（其目标是收藏世界上所有的书）、学术型图书馆、行政档案馆、私人藏书楼式图书馆、皇家图书馆。目前发现的早期图书馆的遗址，具有代表性的有米索不达米亚地区的艾卜拉图书馆、世界上第一个试图收集一切知识的亚述巴尼拔图书

① 周晓燕，吴媛媛.国外高校图书馆的服务空间拓展研究：以 19 所世界一流大学图书馆的空间战略规划为例［J］.大学图书馆学报，2017（1）：42–47.
② 詹姆斯·W.P. 坎贝尔.图书馆建筑的历史［M］.万木春，张俊，译.杭州：浙江人民美术出版社，2016：37.

馆及中国河南省安阳市小屯村殷墟出土的商代专门用来保存甲骨文的窖穴，它们在建筑空间设计上的一个共同特点是房间很小、呈方形、结构简单，更像是储藏室或档案库。

随着人类文明的发展和经济繁荣的国家的出现，图书馆的规模和功能也在不断拓展。根据文献记载和考古发现，世界上最古老的图书馆之一的埃及亚力山大图书馆早在公元前 200 年左右就已经拥有了专门供读者阅读的场所，在奴隶主统治下的古罗马更是产生了现代公共图书馆的雏形。古罗马的图书馆建筑，大多与神庙毗连，以石料为主材料，纪念大厅为主体，大厅内部空间中央一般由石柱支撑起，顶部采光，周围有柱廊，大厅四周、壁龛和柱廊装饰有雕塑、壁画、人物肖像等[①]，建筑外观富丽豪华，宏伟壮观，但是这一时期的图书馆多呈现出馆藏有限、功能简单的特征。

图 1-7 新亚历山大图书馆

图 1-8 古罗马图书馆遗址

二、中国封建社会时期的图书馆

欧洲中世纪时期，以天主教为代表的神学统治一切，图书馆和书籍遭到毁灭性的破坏，独立的图书馆建筑基本消失，仅在寺院和教堂中设有图书馆，所以这个时期世界上最大型的图书馆存在于封建社会最发达的亚洲。印刷术和造纸术的成熟使亚洲文献数量呈井喷式发展，同时经济、文化、宗教等各领域的发展和成熟促使图书馆的规模、装饰、陈设进一步发展，但是图书馆以藏书为主的功能没有变化。

18 世纪以前，中国的图书馆分为两类，一类是官方图书馆（皇家藏书楼），

---

① 金志敏.图书馆建筑与人文关怀：图书馆建筑的最高境界［C］.桂林：中国图书馆学会 2005 年年会论文，2005.

一类是学者的私人图书馆（私人藏书楼），这两类藏书楼均以藏为主，且仅供特定人群或所有者的至亲好友使用，所以藏书楼往往建在独立庭院、高墙之内，实行严格的封闭管理，注重防盗、防火、防潮、防虫和防鼠的设计。中国私人图书馆的典型是浙江省宁波市明朝兵部右侍郎范钦（1506—1585 年）建立的天一阁，它是中国现存最早、最完好的，亚洲现存最古老的图书馆，也是世界最早的三大家族图书馆之一（其他两座分别是意大利的马拉特斯塔图书馆和美第奇家族图书馆），建于 1561—1566 年。这座图书馆是木构建筑，两端为砖墙，其正面被分为六个开间，四进深，阁两层，一层有较大的空间供家族成员阅读写作，二层是藏书处。天一阁建在与外界隔绝的私人院落内，采用江南民居的建筑方式，融合造园手法，开创了"园中有馆，馆中有园"的先河。这个时期，官方图书馆的典型则是最初为收藏《四库全书》修建的七所图书馆，其中北京的文渊阁、沈阳的文溯阁、杭州的文澜阁和承德的文津阁保留至今。它们一、二层之间有专门用于存放其他书籍的隔层，二楼存放《四库全书》，一楼有为皇帝特设的阅览室。

图 1-9　北京文渊阁

图 1-10　沈阳文溯阁

图 1-11　杭州文澜阁

图 1-12　承德文津阁

图 1-13　天一阁正门

图 1-14　天一阁内部阅览室

图 1-15　天一阁全景

三、17—18 世纪文艺复兴时期后的欧洲图书馆

17 世纪是欧洲现代图书馆建筑的开端。随着书籍制作工艺的进步，书籍成本的降低，书籍出版和流转规模激增。为了适应激增的藏书规模和流转规模，图书馆（藏书楼）小隔间式的储藏书籍的方式开始被墙架系统替代，书橱的设计也由封闭式变为了敞开式。墙架系统最突出的特点就是满墙的书，今天的图书馆也多采用书墙的设计以提升空间质感。

18 世纪，当藏书达到巨大规模时，出现了规模更大的图书馆与之相匹配。那时人们高度重视图书馆建筑并为它花费大量金钱，人们利用绘画、雕塑及各种艺术造型来装饰图书馆，宏伟的大厅是它们共同的特点，在欧洲，这些图书馆成为宗教和启蒙运动在建筑思想上的战场。葡萄牙的乔安娜图书馆和马弗拉宫图书馆是那个时代最美的建筑之一，它们的内部以金箔贴面，并用昂贵的绘画、灰泥造型和雕塑加以装饰。在这个时期，维也纳皇家图书馆也许是最负盛名的公共图书馆，其室内装饰用了 30 年才完成。室内设计成一系列的拱门的样子，在里面人们仿佛穿过一个个套间，书架布满墙面。

图 1-16　乔安娜图书馆

图 1-17　马弗拉宫图书馆

四、19 世纪世界近代图书馆的产生和发展

欧洲工业革命不仅带来了科学技术的飞跃发展，还给人们带来了生活方式、思维方式的转变和文化需求的极大提升，这一时期各类出版物、图书馆的藏书量和读者的数量猛增，图书馆迎来了一次大变革，开始从"以藏为主、藏阅结合"的服务模式发展为"藏、阅、借"相互独立的管理模式。所以，这个时期的图书馆在建设项目委托、室内装饰、采暖、采光、人员的组织和构建等方面出现了新的方式方法，以适应书籍生产的速度和使用图书馆读者数量的极大增长。

始建于 1853—1857 年的英国大英博物院图书馆，采用圆形的建筑平面，阅览大厅处在平面中心位置，四周设置独立于阅览区的书库，在世界范围内率先实现了阅览室和书库的相互分隔、独立管理，创新了传统图书馆藏阅不分区的建筑模式，是近代图书馆发展趋势的先导者。法国国家图书馆扩建工程在此基础上进行了建筑结构和空间的优化创新，主要体现在这座图书馆设计了四层的独立书库，并通过专门的文献借阅区将书库与阅览大厅相连。法国国家图书馆的建筑结构在切合图书馆藏、阅、借功能分区管理趋势的基础上合理地将三者联系在一起，是近代图书馆设计的典型模式 [①]。

图 1-18　英国大英博物院图书馆

图 1-19　法国国家图书馆

美国国会图书馆始建于 1897 年，经历了 100 余年的建设、扩建和改造，吸收了 19 至 20 世纪世界图书馆建设经验，是近代图书馆设计的一个顶峰。国会图书馆面积 32.4 万平方米，书架的总长超过 800 千米，图书馆建筑群由三座大厦组成，主体建筑采用"田"字形平面，中心是高大华丽的阅览大厅，两侧是书库，四周穿插着许多办公用房，在这里图书馆的藏、阅、借、展等功能真正地融为了一体 [②]。

图 1-20　美国国会图书馆

① 鲍家声，龚荣芬. 图书馆建筑求索：走向开放的图书馆建筑［M］. 北京：中国建筑工业出版社，2010：4.

② 鲍家声，龚荣芬. 图书馆建筑求索：走向开放的图书馆建筑［M］. 北京：中国建筑工业出版社，2010：4-5.

五、20 世纪图书馆建筑空间发展

进入 20 世纪，随着社会和经济的发展，公民的文化意识、权利意识和道德理性不断增强，单间图书馆已无法满足社会大众的使用需求，大型图书馆建筑群应运而生。这一时期，图书馆在世界范围内逐渐实施开架借阅政策，图书馆内部空间完成了由"藏书"模式到"藏书—阅读—借书"管理模式的转变，在建筑平面中通过基本的网格对空间进行藏、借、阅一体化空间布局的灵活划分。此外，公共图书馆不仅局限于一般借阅流通区域，还扩充了儿童、盲人、教师等特殊区域，对读者空间根据读者类型进一步加以细分。

1911 年建成的美国纽约市公共图书馆，拥有 3000 万册藏书，阅览室长 90.3 米、宽 23.8 米，天花板高 15.5 米，号称当时世界上最大的阅览室，专用于阅览特藏书籍。图书馆外立面材料是大理石，墙都是承重墙，并且采用了两项重要的新技术，一是它的内部书库和地板都是采用低碳钢的钢制架构，二是采用了电力照明[1]。

图 1-21　美国纽约市公共图书馆

图 1-22　柏林国家图书馆

历时 12 年，1978 年建成的柏林国家图书馆经历了师徒两代设计师的参与。这座图书馆在贮藏 400 万册书籍的同时，还预留了 400 万册书籍的拓展空间。其入口在一楼，壮观的楼梯通往巨大的主阅览室。各层之间由楼梯和平台联系起来，在错落空间的角落里、屋顶下设计了许多小巧的私人卡座。有些空间最初完全不设家具，可用作各种活动和展览的场地[2]。

---

[1] 詹姆斯·W.P. 坎贝尔.图书馆建筑的历史［M］.万木春，张俊，译.杭州：浙江人民美术出版社，2016：251–253.

[2] 詹姆斯·W.P. 坎贝尔.图书馆建筑的历史［M］.万木春，张俊，译.杭州：浙江人民美术出版社，2016：273–279.

1996 年建成的法国巴黎国家图书馆由法国建筑师多米尼克·佩罗设计，它坐落在塞纳河畔一处醒目的斜坡上，与塞纳河仅一条马路之隔。图书馆前面是一道宽阔的台阶，登上台阶便是屋顶一个巨大的公共空间，这个空间与图书馆后面的一条马路处于同一水平高度。图书馆的四角有四座塔楼，塔楼底层用作办公室，高层用作藏书。阅览室位于建筑基部，中央环绕着一座设计成书目的大花园，读者从楼顶的公共空间进入图书馆，顺着露天电梯下到图书馆二楼，二楼包含向一般公众开放的各个部门（展厅、开架藏书等），研究者可以继续向下，穿过一间高大的入口大堂，最后到达阅览室[①]。

图 1-23　巴黎国家图书馆

图 1-24　清华大学图书馆

清华大学图书馆始建于 1919 年，是当时中国图书馆建设的典型代表之一，其采用"T"字形建筑平面，前部"一"结构的底层设计了多个可用于办公和研究的小型空间，二层的中央是读者信息服务中心，拥有借书区和目录区，两侧是大间阅览室，书库独立设置在"T"字形平面的后部，分为三层[②]。清华大学图书馆是我国图书馆建筑将藏书、阅览、借书及办公等不同功能明确分区的最早的图书馆[③]。随着图书馆公共性、群众性的增强，建筑规模的扩大，建筑平面也增加了许多形式，如"田""出""旧""山"等形状的平面，这些结构体现了半个世纪以来我国图书馆一直采用的"藏、借、阅"结合的传统管理方式。

① 詹姆斯·W.P. 坎贝尔. 图书馆建筑的历史 [M]. 万木春，张俊，译. 杭州：浙江人民美术出版社，2016：280–283.

② 徐奕鑫. 图书馆建筑设计应与其功能相适应：历史给予我们的启示 [J]. 图书馆杂志，1984（2）：19–20.

③ 鲍家声，龚荣芬. 图书馆建筑求索：走向开放的图书馆建筑 [M]. 北京：中国建筑工业出版社，2010：5–6.

六、21 世纪现代图书馆建筑空间设计特点

现代科技的发展使信息交流方式、媒介、载体更为多样化，并对图书馆传统运行方式产生了深刻的影响，图书馆不断利用新技术、更新理念、拓展社会功能、创新服务内容和形式，图书馆建筑模式也发生了革命性的飞跃发展，传统图书馆开始向现代图书馆转变。现代图书馆的设计理念要求建筑与空间以读者为中心，以实用性和公共性为基础，以促进阅读和交流为主要原则，采用大空间、灵活隔断、富有弹性的开放式建筑模式，图书馆的平面布局和空间组织方式开始从传统分散的、进深不大的长条状体形变为进深较大、空间相对集中的块状体形，传统分隔固定小空间变为开敞连贯大空间，改变了传统图书馆借阅相互分离的闭架管理模式和单一功能模式设计[①]。

图 1-25　西雅图中央图书馆内部

图 1-26　中国国家图书馆外景

---

① 吴建中. 21 世纪图书馆新论［M］. 上海：上海科学技术文献出版社，2016：223-224.

图 1-27　中国国家图书馆阅览室

图 1-28　美国纽约儿童图书馆探索中心

数字图书馆技术向图书馆空间设计提出了新要求。数字图书馆技术所具有的零距离、无载体、人机合作等服务方式改变了图书馆传统的人工工作服务模式，从而导致图书馆空间设计的变化。主要表现在：目录厅作用淡化，书库空间缩小，阅览空间增大，入口区空间功能增加及交流和阅读推广空间增多，等等[①]。

图1-29 芬兰"Oodi"——颂歌中央图书馆亲子活动区

图1-30 沧州图书馆二层环廊

---

① 鲍家声，龚荣芬. 图书馆建筑求索：走向开放的图书馆建筑［M］. 北京：中国建筑工业出版社，2010：50–54.

第二讲

图书馆空间设计与阅读推广概述

　　阅读推广是图书馆履行职责、服务读者的重要方式之一，也是图书馆的使命。自 20 世纪 90 年代后，中国社会面临与国际社会相似的阅读环境的变化，阅读推广在全社会升温，成为图书馆服务的热点。1997 年，中宣部、文化部等 9 部门联合发文，提出了实施"倡导全民读书，建设阅读社会"的"知识工程"。2004 年 4 月 23 日，全国知识工程领导小组、文化部、中图学会、国家图书馆等联合组织的"世界读书日"活动在全国开展，这是我国首次大范围、大规模地宣传、组织"世界读书日"主题活动。由此开始，国家相关部门连续多年倡导各地继续开展丰富多彩的全民阅读活动。2012 年党的十八大报告首次出现"开展全民阅读活动"，自 2013 年以来"倡导全民阅读"连续写入政府工作报告。2016 年《"十三五"规划纲要》将"全民阅读工程"列为"十三五"时期文化重大工程之一，全民阅读被提升到国家战略高度。同年，我国制定了首个国家级"全民阅读"规划——《全民阅读"十三五"时期发展规划》。2016 年末至 2017 年《公共文化服务保障法》和《公共图书馆法》相继颁布实施，将图书馆全民阅读和阅读推广工作正式纳入了法律的轨道。政府、社会、家庭对阅读和阅读推广的重视，图书馆界在阅读推广领域的实践改革和创新，决定了有利于阅读推广工作的进行和深入是现代图书馆空间设计的基本遵从。

第一节　阅读推广视角下现代图书馆空间设计原则

英国著名图书馆建筑专家 H. 福克纳·布朗（H.Fulkner Brown）提出的十大图书馆空间建筑原则，即"福克纳·布朗十诫（Ten Commandments）"包括：① 弹性。无论是从规划、设计、空间结构还是理念、服务、功能，图书馆都应具备开放性，以适应科技进步、知识更新和社会发展。② 紧凑性。读者、馆员以及书籍的交流要做到紧凑、便捷、合理。③ 易接近性。从馆外到馆内，从入口到各部门，要规划得合理，且要拥有一套科学、合理、清晰、醒目的导引系统。④ 可扩展性。空间应拥有一定的灵活延伸能力。⑤ 可变性。图书馆的各功能区和读者服务区有改变、创新和发展的空间。⑥ 组织性。图书馆资源的组织和展示必须清晰有序。⑦ 舒适性。充分利用自然环境，综合协调图书馆建筑的采光、通风、湿度等环境问题，为读者提供温馨舒适的阅读环境。⑧ 环境的稳定性。⑨ 安全性。⑩ 经济性。依法合理利用资金，最大限度地减少建立和维护图书馆所需的资金和人员[1]。

关懿娴先生提出了适用、经济、美观的图书馆建筑空间设计的三大基本原则。适用原则体现在功能性、灵活性、扩展性等方面：功能性意味着建筑必须有利于促进图书馆履行职责、实现功能和服务读者；灵活性是指图书馆各功能分区的空间可变；扩展性是指图书馆建筑拥有一定的空间扩展的余地。经济原则即利用有限的资金多办事，统筹考虑建筑成本、运行费用、管理成本和设备维护更新等费用。美观原则则要求建筑和空间设计应与周边环境相协调，尽可能让人舒适愉悦，当然图书馆建筑空间美学必须在应用和经济的前提下进行，不能本末倒置[2]。

李明华先生总结的"图书馆建筑十则"包括：① 以人为本。图书馆建设以满足人的需求、服务读者与馆员为导向，做到功能、服务、管理的人性化。② 开放。包括建筑的规划设计，体现图书馆开放、公益、共享的理念并向社会征求方案和建议，读者服务功能区开放式布局，有利于全天候开放和远程服务等。③ 实用。④ 灵活。图书馆空间能够依据读者需求提高和社会发展进行调整和变化。⑤ 舒适。图书馆必须保持安静、舒适、明亮且空气清新的环境。⑥ 安

---

[1] 吴建中. 21 世纪图书馆新论：第 3 版［M］. 上海：上海科学技术文献出版社，2016：221–222.
[2] 刘君君，周进良. 关懿娴的图书馆建筑思想［J］. 河北科技图苑，2014（6）：89–91.

全。包括人员、资源、网络、设备等全方位的安全。⑦ 经济。提高资源利用效能，科学合理地制定规划和预算，避免"建得起用不起"的尴尬。⑧ 文雅。突出图书馆的文化气质和文化品格，展现地方历史文化内涵，不仅要满足读者的审美需求，还要提升城市的文化格调。⑨ 绿色。建筑和内部空间设计应充分利用环保技术和材料，保护环境和减少污染，为人们提供健康、适用和高效的使用空间。⑩ 和谐。规划、设计、建造要做到各方统筹协调、合作和谐，建筑应与周边自然环境和人文环境相协调，做到人、建筑与自然和谐共生 ①。

综上所诉，笔者认为阅读推广视角下现代图书馆空间设计原则应至少包含一下几个方面：

一、适应图书馆内涵变化原则

图 2-1　芬兰 "Oodi" ——颂歌中央图书馆

随着人类文明的进步、社会经济的发展和科学技术的创新，图书馆的内涵发生了巨大而深刻的变化，从最初的封闭藏书楼到免费开放的公共图书馆，从单一

① 李明华.现代图书馆特质与图书馆建筑十则［J］.图书情报工作，2016（19）：66-71+27.

建筑到规模宏大的建筑群，现代图书馆已经成为名副其实的文化知识中心、学术研究中心、情报信息中心、交流学习中心、阅读推广中心、生活休闲中心，是属于每一位读者的"第三空间"。图书馆的建筑空间设计已从强调收藏和借阅服务发展到重视信息的开发、交流、服务及文化休闲和阅读推广，最大程度地吸引、帮助和指导读者阅读，发挥书刊资料和信息的作用，使图书馆成为人们用以传播知识、弘扬传统文化、推进全民阅读的综合性公共文化服务空间。

二、多方主体协同参与原则

图书馆履行使命、发挥功能、服务读者、奉献社会在于其建成后各项业务工作、阅读推广服务、安全运营和科学管理的协调推进。所以，图书馆空间设计应由图书馆主导，上级主管部门把关，专家论证，多方配合，公众参与，全面协调，图书馆方面应自始至终全面参与，并充分倾听和考虑读者的诉求。当前，许多图书馆建设进入了迷信权威和国外设计师的误区，倡导"交钥匙工程"，排斥馆方参与、拒绝接纳读者的意见。这就需要图书馆馆长积极参与、履行职责、积极跟踪、严格把关，组建囊括图书馆专家、馆员、读者的图书馆设计与建设管理小组，及时吸纳、反应读者与馆员利益与诉求 [1]。馆长作为图书馆、读者和图书馆专家团队的代表，应从规划、选址、设计方案的评选与修改、施工、工程监理、内部空间规划、装修、设备及家具采购等图书馆建设的各个方面、各个程序发挥主导作用，发现问题及时提出加以调整和补救。总之，一座一流图书馆建筑必定是管理者、建筑师、设计师、读者、专家协同参与、密切合作的结晶。

三、开放性与私密性结合原则

开放是现代图书馆使命和功能的要求，是未来图书馆的发展方向。开放性既要求图书馆的建筑设计要考虑到图书馆全民性、公益性、开放的便捷性，将平等、免费、共享的理念贯穿于建筑与内部空间设计的全过程；又要求图书馆服务空间要开放性布局，以便于文献信息交流和人与人的交流；还要求空间的设计要向社会开放征求方案，真正了解读者需求。

---

[1] 李明华.现代图书馆特质与图书馆建筑十则［J］.图书情报工作，2016（19）：66–71+76.

同时，随着图书馆功能拓展、服务创新及读者需求提升，在保障图书馆普遍性、一般性服务的基础上，个性化、定制化服务也成为了图书馆服务的一个发展方向，相对独立、私密的空间是现代图书馆设计的重要一环。沧州图书馆开设的未来图书馆概念店由相互独立的城市办公室、创客交流空间、读者交流空间等4个独立的空间组成，读者可以通过预约享受到图书馆相对独立、个性化的服务。未来图书馆概念店可用于短期办公、会谈或临时性工作事务处理及商业洽谈，同时为读者思想交流、知识创新、信息共享提供独立、舒适、自由的空间。

图 2-2　沧州图书馆未来图书馆概念店

图 2-3　沧州图书馆城市办公室

四、舒适性与庄严性并重原则

建筑为人，舒适为上。图书馆的空间环境及设施应舒适周到，温馨怡人，为读者和馆员创造愉悦的学习与工作环境。图书馆的空间布局、室内装饰、设施和管理应以人为本，力求做到便捷、舒适。公共空间布局宽松适宜，静谧典雅，色彩美观协调，空气清新，温度和湿度兼顾图书的保存和个人的感受，以及照明度适宜阅读和休闲，这些都是舒适性的基本要求。总之，温馨、舒适的环境才能够吸引更多读者走进图书馆、利用图书馆。

当然，舒适并不等同于无限制地懒散、随意、放松，图书馆是知识的殿堂和文化的聚集地，其建筑和内部空间设计要保持庄严性，做到无时无刻不给人以庄严肃穆的感觉，从而提升读者对图书馆服务、书籍和环境的尊重和爱惜。图书馆的庄严性可以利用其内部的界面装饰、陈设和文化标识的设计布局来提升，例如大面积的通顶书架、仿古的实木家具、书法绘画作品、历史文化标识、文化展览等。

图 2-4 沧州图书馆纪晓岚专题文献馆的仿古建筑

五、灵活性与功能性结合原则

图书馆空间设计要适应未来变化，以供图书馆随着功能的拓展和服务的创新而灵活调整。当今社会各方面变化的速度非常快，软硬件更新周期不断缩短，社会和读者需求在不断提高，图书馆服务不断创新和拓展，服务功能逐步扩大，空间布局和空间使用也随之改变。一方面，在设计时要有所预见，适当超前；另一方面，应在建筑结构、布局、网络接口等方面为未来发展做出适当安排，为变化调整留出灵活空间。主体结构采用开放大空间，尽量减少承重隔墙，可以方便灵活地调整房间的分隔及更改用途 [1]。

图 2-5 沧州图书馆宽敞通透的阅览空间

① 李明华 . 现代图书馆特质与图书馆建筑十则 ［J］. 图书情报工作，2016（19）：66–71+76.

现代图书馆的职能已由单一功能走向综合性多功能，图书馆社会综合效益也随之提高。现代图书馆不仅要完善传统文献储藏空间、阅读空间和学习空间的设计，还要开拓多种功能空间以适应图书馆的学术交流和阅读推广，如多媒体大厅、音乐厅、学术报告厅、展览厅、培训教室、少儿绘本空间、书画室等。当然图书馆也应尽量满足到馆读者基本的生活需要，并为之提供必要场所，如餐厅、饮水处、专门的接打电话空间等设施，形成以图书馆为主兼容其他业态的新型图书馆 [①]。这也是现代建筑学发展的一个特点，即综合性，你中有我，我中有你。

图 2-6　宁波图书馆自由交流空间

图 2-7　沧州图书馆遇书房·经典阅览室的
读书沙龙活动

六、便捷性与安全性并重原则

图书馆是供广大读者使用的公共场馆，所以便捷性永远是其空间设计的重要原则。读者从馆外到馆内再到各个服务区应该有清楚的导视系统及各种便捷的通道，包括丰富便捷的公共交通线路，合理方便的无障碍通道，醒目的咨询服务台及读者自主查询服务设备，明了有序的文献及各种资源陈列展示，充足的电源插座和网络接口，等等。

当然，图书馆空间设计的便捷性，并不等于牺牲其安全性，相反，安全性是便捷性设计的底线，确保图书馆馆员和读者的生命财产安全是图书馆建设和设计的基本准则。图书馆作为大型的公共建筑，必须严格执行国家相关的法规和标准，制定完善可操作的应急管理制度和隐患排查制度，设置严密的预警和防护措

---

① 鲍家声，龚荣芬. 图书馆建筑求索：走向开放的图书馆建筑［M］. 北京：中国建筑工业出版社，2010：56.

施，以确保人员、资源、网络和设备的安全，具体包括防盗、防火、防水、防潮、防尘、防虫、防鼠、防阳光直射等多个方面①。此外，在设计时还应特别注意计算机房网络系统的安全性，保证电源持续、安全的同时，要做好防止黑客入侵造成网络系统被破坏和信息被盗取丢失的严密的防护措施。总之，保障图书馆安全需要高标准的设计、高质量的建设、专业的技术、精密的设备、完善的管理、严格的安保制度及周密的安保措施。

第二节　图书馆建筑空间设计基本内容

现代图书馆不仅具有传统的文献收藏、信息咨询、阅览学习功能，还具有社会教育、知识交流、阅读推广、文化休闲、新技术体验等新功能，它不仅是一个地域的文献信息服务中心、社会教育中心、阅读推广中心、文化休闲中心，更是一座城市文化和气质的名片。因此，图书馆的建筑空间设计所包含的内容既有别于商业区林立的高楼大厦，又不同于一般的政务服务中心和社区活动中心。这些区别直观体现在图书馆建筑外部空间规划、建筑造型和外立面、内部空间规划设计、室内物理环境设计、材料、家具陈设及色彩等多个方面。

一、图书馆建筑周边空间规划

这里讨论的图书馆外围空间的范围主要是指图书馆建筑外围的环境和可供图书馆利用的区域，是图书馆与外界联系的纽带和桥梁，与图书馆开展工作和读者利用图书馆密切相关。一般情况下，图书馆外部空间包括图书馆出口和入口、平台和庭院、外部环廊、广场、绿地、露台、艺术装饰、标示标牌、信息公示区、停车场等。图书馆外部空间是读者进出图书馆的过渡空间，既可以美化图书馆建筑景观，又可为读者提供室外的活动空间和场所，保障图书馆举办大型文化活动和接待大规模读者时人流、车流的安全与顺畅集散。

---

① 李明华.现代图书馆特质与图书馆建筑十则［J］.图书情报工作，2016（19）：66-71+76.

图 2-8　山西省太原图书馆

图 2-9　法国 Media 图书馆

图书馆的外部空间规划需满足图书馆业务工作、读者服务及阅读推广的要求。各种形式的文献资料、设备、家具等收发分拣及组装区应方便车辆停放及工作人员施工，并应配备自动升降或运输设备，以便于文献资料和各种设备装卸并运送到相关部门加工处理；图书馆可以在醒目位置设置信息展示屏、信息公示栏、展览橱窗等设施，以便读者及时、便捷地了解图书馆工作动态和活动信息；图书馆外环廊可开辟 24 小时自动借还设备，有条件的图书馆可直接设置 24 小时图书馆，方便读者任意时间借阅图书；图书馆应为读者开辟具有遮阳避雨设施的自行车存放处，还可以设置专门的充电桩以提供电动车充电服务，倡导节能减排、绿色出行；国外图书馆已有利用在图书馆建筑外合理空间设立免下车借还书处的有益探索[1]。

二、图书馆建筑造型和外立面

图书馆建筑造型是设计者根据自己的经验、灵感与美学要求，综合考虑建筑的基本功能和未来发展，采用建筑外观设计技术和方法所打造的建筑外在形态。图书馆建筑造型的设计应以读者和社会的需求为基本出发点，以图书馆所处的自然环境、社会环境和城市环境为基本考量，包括周边建筑的风格、城市发展规划、历史人文环境、区位交通环境等方面。总之，图书馆的建筑造型须做到有利于充分发挥图书馆功能、符合地区的社会发展与特色历史文化、与周边环境相协调。

---

[1] 肖小勃，乔亚铭.图书馆空间：布局及利用［J］.大学图书馆学报，2014，32（4）：103-107.

　　图书馆的外立面是图书馆造型的关键一环，是表现建筑造型的重要技术和美学手段，是建筑结构、建筑材料、建筑艺术和建筑风格的结合。图书馆的外立面应综合考量光学、防尘、降噪、安全等功能设计，并使之与外部环境和地域特色紧密结合，做到与周边环境相协调、彰显图书馆气质和理念。出入口等功能区域设置应注意科学实用，使整体建筑醒目、辨识度高。

| 图 2-10　太原图书馆的玻璃幕墙 | 图 2-11　广州图书馆新馆 |

　　广州图书馆新馆的建筑造型设计是现代风格较为成功的案例。这座建筑位于珠江新城，北靠超高双子塔，西临广州市第二少年宫，南依广东省博物馆和广州歌剧院，处于一个高度城市化和现代化的地域环境。因此，广州图书馆采用了以"之"字为基础造型和书本的层层堆砌意象的现代化建筑。其外立面以书籍的形状为模块，运用石材作为其建筑表皮，两个出入口采用大块玻璃幕墙，4000 多块订制钢化玻璃镶贴在建筑表皮上，凸显了整个建筑的时尚气息[①]。

　　沧州图书馆的建筑造型和外立面设计颇具文化内涵和历史底蕴，其设计围绕公共图书馆"传承文明、弘扬文化"的功能属性，以"九宫格"作为基本布局原型。其中，"九宫格"的中间单元为中庭和内院；四个角部体块，均采用由厚向薄渐变的单元式竖向立面分割，形成书列的形象特征，巧妙暗合了"经史子集"四库之意；四面中部体块凸出，表面均为 108 个篆体"书"字的活字底板形饰件的集合。同时，新馆外形设计还引入了中国传统文化"斗"型的形象元素，构成建筑的基本形体，象征图书馆"仰"望苍穹，对知识与信息的广征博览与兼收并蓄。新馆建筑精巧的构思和独特的造型充分展示了沧州文化的悠久，给人大气内敛的观感，

────────────
① 张志为．探讨现代公共图书馆建筑造型设计的原则：以广州图书馆新馆为例［J］．河南图书馆学
　　刊，2017（3）：26–27

成为该区域地标式文化建筑 ①。

中山纪念图书馆外立面壁画面积630平方米，选用穿孔铝板制作，利用孔径、孔距、光线变化形成独特的艺术效果。以"开卷"为构图理念，将孙中山先生革命生涯中曾奔走的地理坐标串联组成了其光辉壮丽的革命足迹，具有重要的象征意义。

图 2-12　雨后的沧州图书馆　　　　图 2-13　中山纪念图书馆

图 2-14　中山纪念图书馆外立面壁画——《中山寻踪》

三、图书馆内部空间规划与设计

室内空间规划，是对建筑所界定内部空间进行初步分割处理，并依据功能以现有空间尺度为基础进行重新规划，以更合理地对改造后的空间的统一、对比和面线体的衔接问题予以解决。室内空间规划的目的在于通过空间的比例、尺度、虚实的变化给人带来不同的感受；当然，对于复杂的空间结构，我们还必须处理好空间的衔接、过渡和流通，以及空间的封闭与通透等关系。②

图书馆的内部空间设计指为实现图书馆公共文化服务的功能，满足人们生活、工作、学习、阅读、休闲、娱乐活动的需要，提高图书馆建筑内的空间的生理和心理环境的质量，运用相关专业知识，对图书馆室内空间的布局和环境进行的规划、布置和安排，也包括家具和设备等的摆放。合理的环境设置和布局安排是图书馆为读者提供方便、快捷和舒适服务的基础，也有利于读者短时间内掌握自主

① 宋兆凯. 沧州图书馆［M］. 天津：天津大学出版社，2017：89.
② 陈晓蔓，衣庆泳. 室内装饰设计［M］. 武汉：华中科技大学出版社，2012：4.

使用图书馆各项资源和设备的能力，更便于业务工作和研究的开展，从而提升图书馆空间的利用率和资源的使用效能。

现代图书馆发展趋势决定了图书馆要拥有极具吸引力的、视觉上令人愉悦且心理上令人向往的空间，以满足读者需求、打动读者内心。因此，设计者需要同时考虑众多设计内容，如家具、材料、色彩、照明，同时要考虑到维护成本和适应新科技、新理念的灵活性。总之，图书馆作为读者生活中阅读、学习、交流、休闲的重要场所，设计打造一个舒适、有吸引力、有发展潜力的综合性多功能空间是基础。

四、图书馆内部界面设计

内部界面设计，主要指对建筑内部空间的天花板、墙面、地面等界面，分割空间的实体、半实体等内部界面，以及楼梯、踏步、门、窗等区域和设施，根据相关规章制度和设计要求进行二次处理。室内界面设计的目的是使用技术和艺术方法来处理室内空间中各种界面的建模、材料、颜色、照明、图案、纹理和其他问题[1]。

图 2-15 日本东京武藏野美术大学博物馆

---

[1] 陈晓蔓，衣庆泳. 室内装饰设计 [M]. 武汉：华中科技大学出版社，2012：4.

图2-16 沧州图书馆以我国古典木门为设计元素的 　　图2-17 宁波图书馆乔石书房的书法墙
　　　　实木文化墙

五、图书馆室内物理环境设计

室内物理环境设计，即室内物理环境的质量和调节的设计，主要是室内体感气候的设计和处理，具体包括采暖、通风、温度、亮度等方面，是现代设计中极为重要的方面。在这个过程中，"以人为本"和"绿色节能"是基本要求和原则，注重新技术的发展和应用是重要支撑①。

图2-18 日本金泽 Kanazawa Umimirai 　　图2-19 日本金泽 Kanazawa Umimirai
　　　　图书馆全景 　　　　　　　　　　　　图书馆一角

六、材料、陈设及色彩

图书馆内部装饰所使用的各种材料、摆放的陈设及色彩的搭配是图书馆内部空间设计的最直观表达。各种建筑装饰材料的使用是空间设计的重要内容也是基础环节。图书馆的装修材料需根据图书馆功能优先考虑实用性、耐久性和安全性，

---

① 蔡云．人性化设计在室内环境艺术设计中的应用研究［J］．科技创新导报．2008（2）：102.

在此基础上兼顾美观和维护成本。例如，服务大厅、阅览室、自习室、读者餐厅等人流聚集场所的地面铺设宜选用石材（大理石、水磨石）等硬面材料，以便于保洁和维护；报告厅和会议室可采用尼龙或其他材质的地毯以保证会场的安静、提升会场的档次；读者的活动区域，尤其是少年儿童活动区域，可使用塑胶等弹性地板等降噪材料；一些特殊的文献阅览区可选用实木或复合木地板，以适应服务区的文献风格，渲染气氛，提升文化气息。

图 2-20　美国纽约儿童图书馆探索中心

图书馆的陈设主要包括瓷器、书画作品、工艺品、塑像、花卉等。根据位置、区间、功能的需要精心布置形式多样、内涵丰富的陈设能很好地优化图书馆的布局，增强美感，提升设计感，突显图书馆的文化品位，营造良好氛围。

图 2-21 芬兰赫尔辛基大学主图书馆

色彩能给人们带来最直接的视觉感受，是美化空间、反映特点、彰显气质的最直观的装饰元素。色彩的选取也是内部设计最有趣又最复杂的一件事，在设计图书馆内部空间时，设计者要以读者的心理需求和感受为出发点，科学合理地利用色彩营造舒适、和谐的环境。图书馆服务与功能特点决定了其色彩使用和搭配的选择范围，所以当前大部分图书馆通常使用冷色调的蓝色、绿色、灰色、白色及暖色调的红色、黄色、橙色。当然，图书馆还可以利用色彩的丰富性、直观性和醒目性，用不同的色彩标识各楼层及服务区，这样既方便读者区别，又有丰富的色彩效果。

七、标识及指示系统

标识及指示系统是图书馆向读者指示图书馆内部规划与设计的各个区域特定位置的重要设计元素，清晰、合理、美观的标识及指示系统既有利于方便读者利用图书馆，又是图书馆实施科学管理、提高服务质量的保障[1]。这就要求图书馆的标识和指示系统要统一规划和设计，在完成其基础标识的功能的同时，提升视觉效果，注重读者的体验和审美感受[2]。图书馆标识及指示的设计要考虑其形状、尺寸、工艺、色彩、材料、灯光等多种设计元素。

图2-22 汕头大学图书馆阅览厅

图2-23 沧州图书馆24小时阅读空间

八、图书馆家具

家具是图书馆实现功能、服务读者、提高效能的重要设计内容，家具的质地、材料、颜色、布局反映了图书馆的设计理念和功能。我们走进图书馆，会发现大

① 周立黎.面向用户需求的图书馆标识系统设计［J］.图书馆论坛，2014（3）：84–88.
② 肖小勃，乔亚铭.图书馆空间：布局及利用［J］.大学图书馆学报，2014，32（4）：103–107.

量的书架、阅览桌椅、服务台、报刊架、电脑桌等家具充斥着图书馆的各个角落，且功能和质地各有特色。例如，图书馆桌椅使用频繁且读者会根据自己的需求拉拽调整，所以图书馆服务区选择桌椅必须以功能性、耐用性为基础，综合考虑舒适性和美观；图书馆流通、咨询、检索等服务台应采用相同材料和色彩以方便读者辨识；咨询台的形状可结合具体布局和功能采用方形、矩形或圆形以方便馆员开展工作①；古籍阅览区和特殊文献阅览区采用仿古实木书架以突出区域特性，提升其文化品位。

图 2-24 太原图书馆一角

图 2-25 美国加利福尼亚州 McHenry 图书馆

九、照明

图 2-26 全馆皆无直接照明的德国斯图加特
市立图书馆

图 2-27 宁波图书馆阅览室

照明是图书馆开展业务工作和服务的基本保障。现代图书馆大都是大型室内建筑，如果图书馆阅览室、自习区、书架光线很弱或者没有照明，就会给馆方和读者带来不便。因此，图书馆的不同空间和区域都要达到一定的照明度，以保障

---

① 肖小勃，乔亚铭.图书馆空间：布局及利用［J］.大学图书馆学报，2014，32（4）：103–107.

图书馆正常运行。在现代绿色节能理念的要求下，图书馆的照明设计应遵循以自然光为主、人工照明为有效补充的原则。照明设计中应综合考虑不同空间的面积、功能、位置、开放时间及照明设施造型、亮度、成本与维护等多方面的因素。

图 2-28 沧州图书馆遇书房·科普阅读空间

第三讲

图书馆建筑设计环境与阅读推广

第一节　图书馆建筑设计与自然环境

　　遵循地域自然法则，实现与自然环境的和谐共生是所有建筑所必须具备的属性 [1]。图书馆建筑应当充分尊重地域自然环境，既要因地制宜，与当地自然环境相得益彰，又要体现图书馆建筑的特色且不显突兀。筹建一座新图书馆首先要解决的问题是图书馆建筑的选址，科学选择图书馆建筑的位置对图书馆建筑外部环境的形成有着极其深远的影响。当地的气候、地形、地貌、地质条件、日照条件等都是其应当考虑在内的因素。本书认为图书馆的选址应当着重考虑到以下自然环境因素：

一、地理环境的影响

　　一个地域的地理环境和气候环境是当地建筑设计的先决条件，图书馆建筑最初始的构造形式很大程度上是由当地地理环境提供的矿藏和石材决定的。而气候条件也会对图书馆建筑的设计造成影响。地处中温带的我国北方地区，冬季气候比较寒冷，建筑如果地处常年受寒冷空气影响的地区则需要厚重的墙体和厚重的屋顶来增强保温效果，而南方则受亚热带季风气候和热带季风气候的影响，一年

---

① 宋静 . 图书馆建筑的地域性表达［D］. 西安：长安大学，2014.

中多半时间受炎热气候影响，建筑则需要单薄、轻巧的墙体和屋顶来通风散热。《民用建筑设计通则》中规定：严寒、寒冷地区的建筑物不应设置开敞的楼梯间和外廊。出入口宜设置门斗或其他防寒措施。而在炎热地区和季节，太阳辐射强度和室外空气温度都非常高，通过建筑围护结构传导的热和通过窗户辐射的热占有相当的比例，因此，要设计适当的遮阳设施，减低太阳对建筑的热辐射量，这对降低室内的空调负荷也有重要的作用[①]。例如美国西雅图图书馆是雷姆·库哈斯设计的现代风格建筑的典型案例。设计师结合西雅图市的气候特点和其辐射人群的意识和行为特征进行建筑的生态和节能设计，利用建筑体块的延伸和大尺度的出挑为建筑入口处营造了大面积的阴影区，在日照强烈的西雅图为读者提供了惬意的休憩空间。

图 3-1　美国西雅图图书馆

　　潮湿以及潮湿导致的霉变一直都是图书馆的大问题，尤其是热带气候下，霉变损毁藏书的速度比其他气候的地区更快。因此，书架要经过设计从而阻隔潮湿空气从墙壁传到书籍上。有些图书馆书架的背面要填充脱水或吸潮的材料，在我

---

① 付瑶.图书馆建筑设计［M］.北京：中国建筑工业出版社，2007.

国，人们常把石膏放在书橱下面吸潮。然而在多数情况下，书籍贮藏一定要做到空气流通，最好能时刻监控空气湿度 ①。

在不可选择的情况下，比如城市身处山区或丘陵地带，可以较少依靠人工、设备条件，适应当地地理环境和气候环境的图书馆建筑，不仅可以大量地减少建筑能耗，同时还可以实现建筑整个寿命周期内的生态循环，从而减少人工空间对周围环境的不良影响，并提供健康优质的空间使用环境。图书馆建筑与其他建筑相比又有着一定的特殊性——图书馆的重要职能就是藏书，因此良好的藏书条件应当是在选址时必须考虑到的因素。在可选择的情况下，比如平原地区，选址应当在地势较高、日照充足、通风条件好、空气质量较好的地带，尽量不选择地势低洼潮湿处建馆，以免珍贵的文献资料潮湿霉烂。选址还应当在有充分的自然采光和通风条件好的地段，并尽量远离易发生火灾的单位，远离有害气体污染源。另外馆外有开阔的视野，缀以绿地、树木及花卉，有利于营造图书馆的文化氛围和艺术情调，使读者处于舒适及放松身心的环境之中。另外，图书馆的选址应当尽量选择安静的地段，尽量远离噪声源，为读者提供安静祥和的读书环境，从而有利于读者潜心学习。

二、人口和交通的影响

图书馆的重要功能是为读者提供借阅服务，因此图书馆建筑的选址应当尽量选择城市中心，或是交通便利的地区。图书馆功能的特殊性要求图书馆的选址需要做到安静、远离污染源及噪声源，但是人口集中、交通便利的地段往往处于城市中心，因此在选址方面环境安静与人口集中的矛盾比较突出。城市的中心往往是一个城市的旧城区，旧城区建筑物已十分密集，很难规划建设一座新的图书馆，因此，新规划建设的图书馆通常被规划在城市的新区，而城市的新区在刚起步的一个时期内居民数目是不够的，市区的居民想要利用图书馆则会因为距离较远或者交通不便而变得比较困难。长此以往则会出现新馆的读者量不足，设施使用率低等情况，这就造成了资源的极大浪费，如果没有一定量的读者，那么图书馆藏

---

① 詹姆斯·W.P.坎贝尔，威尔·普莱斯著.图书馆建筑的历史［M］.杭州：浙江人民美术出版社，2016：33.

书量再大，设施再全面、再先进，作为公益性公共文化设施，其也失去了最基本的存在价值。

因此，在规划一座新的图书馆的时候，交通问题一定要在重点考虑的范围内，在可能的范围内，首选临近居民区的地方，即使公共图书馆不建在城市的中心或临近居民区的位置，也应当选择交通条件相对便利的地段，并且在交通环境便利的地段尽量选择安静的区域，如果不能选择安静的区域，则要尽量运用技术手段削减噪声污染，做到"闹中取静"，尽量营造图书馆室内安静的读书氛围①。

三、地质和安全的影响

公共图书馆是社会性的公共文化服务设施，人流量大，确保安全是极其必要的。在众多自然因素中，应当重点考虑地质因素，因此公共图书馆建设项目应聘请具有专业资质的工程地质和水文地质单位进行地质勘探，确保建馆的工程地质与水文地质条件符合公共设施建设的基本要求。《公共图书馆建设用地指标》中根据公共图书馆人流集散要求高的特点，规定其建筑密度不宜过高，以不超过40%为宜，并应留出必要的开敞空间用于疏散应急②。这是从安全应急方面对公共图书馆建筑的选址的安全性提出的重要要求。

防盗问题也是图书馆建筑设计者应当重点关注的问题，特别是一些收藏有珍贵文献的图书馆。早期图书馆利用各种物理手段防止参观者及读者窃书，比如固锁大门、用链子把书拴在书架上等，近些年来新建成的图书馆则采用更加先进的电子监控设备。在以往的某些时期，防盗曾经是决定图书馆建筑样式和选址的主要考虑因素③。

防火也总是图书馆建筑设计的重要考虑因素，尤其是在选择建筑材料方面，出于防火的需要，洛可可时代的图书馆采用砖石结构的拱顶，19世纪的图书馆采用铁质框架，但是19世纪中期的几场灾难性大火使得建筑师越来越意识到钢铁框架需要用水泥、石料或者砖头包裹起来，这样才能与火隔开。防火的需求决定着

---

① 滕雪. 我国公共图书馆新馆建筑设计研究 .［D］. 南宁：广西民族大学，2010.
② 滕雪. 我国公共图书馆新馆建筑设计研究 .［D］. 南宁：广西民族大学，2010.
③ 詹姆斯·W.P.坎贝尔，威尔·普莱斯著. 图书馆建筑的历史［M］. 杭州：浙江人民美术出版社，2016：33.

图书馆的建筑材料，而材料的强度和结构形式也决定着图书馆建筑的最终样式。

综上可见，地理地貌、气候、水文、矿藏、生态等自然环境因素对图书馆建筑的选址、结构和样式有着决定性的影响。一个地区的地形、地貌、水文、气候、植被、地理资源共同构成了地域自然环境的特征，顺应不同自然特征的建筑设计，不仅可以实现绿色、生态、可持续、低污染的理想建筑，同时可以形成独特的建筑特点和建筑文化。图书馆建筑和其他建筑一样要既充分考虑人类自身的需求，又要秉持尊重自然的态度进行设计和建造。

第二节　图书馆建筑设计与城市环境

城市环境对图书馆建筑的选址及设计有着重要且深远的影响，如果选址不当，就会造成图书馆这一公共文化资源的利用不充分，人民大众无法充分享受国家给予的文化福利。而图书馆作为公共文化服务体系中重要的一部分，关乎着广大人民群众的文化生活，因此实现服务范围的全覆盖是最重要的指标之一。

一、城市整体布局

公共图书馆建筑用地是由政府无偿划拨并使用的公益性公共文化设施，也是城市公共文化服务体系中重要的一部分，各级政府必然会慎重考虑公共图书馆布局的合理性，通过城市规划对其选址进行合理布局。

然而在一个城市整体布局及发展规划中，建设公共图书馆的重要目的就是服务市民，满足广大市民的精神文化需求，在节约用地、精简经费的基础上使政府的投入产生最大化的社会效益[①]。因此在公共图书馆的选址上，应当首先考虑到城市的整体布局，服务人口的数量标准，特别是中心馆辐射的人口数量，以此来确定公共图书馆的规模。

但是很多地区图书馆事业的发展也存在诸多不平衡、不充分的问题：例如已经建好的公共图书馆选址不合理，距中心城区较远，市民享受服务的时间成本和

---

① 滕雪. 我国公共图书馆新馆建筑设计研究.［D］. 南宁：广西民族大学，2010.

交通成本较高。基于这一现状的考虑，有些城市已经做出了新的应对举措，在社区或者街边设置了城市书吧，构建普遍均等、惠及全民的公共图书馆服务体系，满足公众对知识、信息及美好生活的需求，提升市民生活品质，在一定程度上弥补中心馆辐射面不足的问题，将图书馆融入城市布局的各个角落。

图 3-2 沧州图书馆长丰城市书吧

二、与城市环境的协调

公共图书馆通常是一座城市重要的文化地标性建筑，对一个城市或一个区域的公共图书馆建筑进行设计和规划之前，应当首先考虑这个城市的整体环境，对城市环境特点和原有建筑物特点进行分析，再深入挖掘公共图书馆与这座城市环境的融合点，并进行设计。在对建筑进行规划设计时，应当考虑到这座建筑受城市环境的影响的因素，在不破坏城市环境的基础上，合理规划图书馆建筑，使其在城市环境中和谐而不显突兀。最后深入揣摩和研究整个城市的建筑设计和规划，使未来建成的图书馆建筑与城市整体建筑环境实现整体的协调。在特定的建筑设计过程中，还要对整体建筑的尺度和造型等情况进行深入分析，掌握其所在城市的历史风貌以及城市中重要建筑物的风格特征，使图书馆建筑更加完美地融入其中。例如篱苑图书馆建在距北京两小时车程的山中，旁边有一方池塘，它由我国建筑师李晓东设计，与周围的环境完美融合。建筑外表粗糙，只是简单地把枯枝别进生锈的钢制栏杆，与内部精细的木工形成鲜明对比。

图 3-3　篱苑图书馆　　　　　　　　　图 3-4　汤湖图书馆

　　汤湖图书馆位于武汉经济技术开发区汤湖公园以南、兴华路以东的临湖半岛，建筑面积 4375 平方米。馆舍建筑造型优美，园林式风格，与周边美丽的自然风景和良好的生态环境融为一体，成为武汉经济技术开发区一道靓丽的文化景观。

　　汤湖图书馆由武汉经济技术开发区管委会投资兴建，武汉图书馆运营管理，2015 年 2 月对外开放。馆内设有开架借阅区、特藏阅览区、中文报刊阅览区、外文阅览区、公共电子阅览室、文化信息资源共享工程专区、创新空间、少儿借阅区、24 小时自助借阅室、报告厅等多个功能区，与武汉地区市区级公共图书馆实现文献资源通借通还。

　　汤湖图书馆作为武汉图书馆分馆，秉承"公益性、基础性、均等性、便利性"的原则，向市民提供文献借阅、参考咨询、讲座展览、数字资源及阅读推广等多形式、多层次的服务，形成了"名家论坛""职工学堂""汤湖读书会""汤湖创客营"等活动品牌，致力于成为武汉经济技术开发区重要的知识信息枢纽、终生学习场所和文化休闲空间，荣获湖北省"全民阅读创先争优先进单位"、全国"最美基层图书馆"等称号。

三、与周边建筑风格的融合

城市环境对图书馆建筑有着重要影响，一个合格的建筑设计师会非常细密地在城市环境中合理地融入建筑的设计。建筑设计师在对一个独立的建筑物进行设计时，必定会先对整个城市环境和城市建筑物，特别是该建筑物周边的建筑物风格进行深入分析研究。近年来，我国城市化速度不断加快，在城市化过程中，越来越多的建筑物拔地而起，但是很多建筑物都没有做到与周边建筑物相得益彰。有些设计师只顾追求建筑的个性化，力求推陈出新，设计出造型奇异的建筑物，却完全没有考虑所设计建筑与周围建筑物的呼应，从而导致所设计建筑视觉上突兀，与城市整体环境脱节，完全没有起到美化城市环境的作用。除此之外，还有一些建筑设计师过分热衷于追求异域建筑设计风格，例如西式建筑等，完全不考虑本土特有的风土人情，也不研究建筑物周边的既有建筑风格，虽然设计出一系列单独看起来很优秀的作品，但是将其放入特定的城市中却并不合适，无法与该城市整体环境相融合。所以图书馆的建筑在设计构思时一定要深入研究周边建筑的风格特征，做到与周边建筑及城市整体环境相融合，从而提升整体视觉效果。例如深圳图书馆新馆由世界著名的日本建筑师矶崎新先生主持设计，和深圳音乐厅一道构成深圳文化中心。寓意文化森林的图书馆正门"银树"和音乐厅正门"黄金树"象征中心区文化城的"城门"。当然也有一些设计师匠心独运，故意设计出看似与周围建筑物风格完全不同的建筑，以达到一种特殊的视觉冲击效果，这种有着强烈对比性的作品中也不乏优秀的建筑，但是这样设计的风险比较大，设计师在没有十足把握的情况下应当谨慎选择。例如英国国家图书馆新馆位于伦敦市中心北部，由著名英国著名本土建筑师科林·威尔逊主持设计。建筑整体外形丰富，为了与近邻的哥特复兴式的圣潘克拉斯车站和大北旅馆的建筑风格相协调，外墙采用大量的暗红色清水砖面墙，以一种相近和谦逊的色调融入周围的建筑环境。此外灰色平缓的坡屋面和绿色装饰性窗廓形成的横向线条又与附近的建筑形成对比，使建筑既与周围建筑氛围相协调，又不失个性。

图 3-5　深圳图书馆新馆　　　　图 3-6　英国国家图书馆新馆

四、 周边环境安静且安全

图 3-7　嘉定图书馆

　　公共图书馆对周边环境的要求比较高，安静、卫生、无污染都应该在考虑的范围内。但是在选址上人口集中、交通便利的地方周边环境一般比较喧闹，而远离市中心的交通不发达的地区环境往往相对安静。因此图书馆选址的时候要在环境安静和交通便利之间做一下适当的权衡，一般建议首先选择位置接近人群处，再次选择交通便利，最后考虑兼顾安静安全[①]。这是因为远离人群、位置偏僻非常影响公共图书馆应有的作用的发挥，即使环境安静了也没有任何意义，而环境的安静是可以通过技术手段实现的。例如嘉定图书馆新馆的设计，隔着远香湖眺望，在葱茏树木的间隙里，便会看到嘉定图书馆的身影。循迹而至，可见版本目录学家顾廷龙先生题写的"嘉定图书馆"牌匾，庄重地横卧在楼前的草坪上。这

──────────

① 滕雪 . 我国公共图书馆新馆建筑设计研究 . ［D］. 南宁：广西民族大学，2010.

是一片江南传统民居的院落式组合，灰色的屋顶形似一本本翻开的书籍，散发出浓郁的书香；外立面淡雅古朴的弧形窑砖与现代建筑的玻璃幕墙相得益彰，恰是嘉定"古朴风韵与现代气质相融合"的完美体现；清澈的水渠沿着外墙曲折盘绕，微风掠过，波光粼粼，仿佛召唤着人们暂别世俗的喧嚣，投入图书馆惬意的怀抱汲取芬芳书香。此外中山纪念图书馆和沧州图书馆也是上述理念的优秀范示。

图 3-8　坐落在公园里的中山纪念图书馆

图 3-9　沧州图书馆

五、留有扩建余地

图书馆开馆后的扩建是建馆时应该预见的内容，无论是公共图书馆还是高校图书馆。一般大专院校图书馆和研究单位的图书馆，图书的增长率一年为 4%~5%，这意味着 16~17 年图书就要增加一倍，即使发展比较完善的图书馆其增长率也在 2% 左右，35~40 年就要增加一倍，大型图书馆的图书增长率就更为可观了，因此发展与扩展是图书馆建设事业中一个普遍性的问题。所以在选址时应当尽可能预见到日后发展和扩建的可能性，这是图书馆在开始规划和设计时所必须预见和考虑到的问题。同时还必须考虑图书馆占地面积是否留有足够的发展余地，以便在起初的规划设计时，尽可能预先保留将来需要扩建的用地。

第三节　图书馆建筑设计与社会环境

一、政策与法律环境

图书馆事业若要健康稳定地发展，离不开行之有效的政策和法律环境。2017年 11 月 4 日十二届全国人大常委会第三十次会议表决通过的《中华人民共和国公共图书馆法》以及 2016 年 12 月 25 日第十二届全国人民代表大会常务委员会第二十五次会议通过的《公共文化服务保障法》，这两部法律从根本上肯定了公共图书馆的地位，给予了公共图书馆发展所必须的法律基础，对今后公共图书馆的长足发展起到了极大的推进作用。政策环境主要包括两个方面：一是国家的经济、科技体制和政策；二是国家政策指导下的图书情报信息政策及相适应的管理体制。

以上是图书馆相关的法律及政策，而针对图书馆建筑设计当然还应当受当地建筑方面的法律法规及政策的约束，这方面的法律主要有《中华人民共和国建筑法》《中华人民共和国合同法》《中华人民共和国招标投标法》《中华人民共和国土地管理法》《中华人民共和国城市规划法》《中华人民共和国城市房地产管理法》《中华人民共和国环境保护法》《中华人民共和国环境影响评价法》。行政法规主要有:《建设工程质量管理条例》《建设工程安全生产管理条例》《建设工程勘察设计管理条例》《中华人民共和国土地管理法实施条例》。

除此之外，图书馆建设工程还要受行业标准的规范，从规模的认证、规划、设计、施工、装修至验收、启用，自始至终必须遵从和执行各项相关的法规和标准、规范，以下条例、标准和规范尤其应遵从和执行：

2008 年 11 月 1 日起实施的《公共图书馆建设标准》；自 2008 年 10 月 1 日起施行，经国务院常务会议通过，由时任总理温家宝签署颁布的《民用建筑节能条例》（国务院令第 530 号），这是政府最高层级的节能法令，可见国家的重视程度与节能问题的重要性；《公共建筑节能设计标准 PGB50189–2015》对原 2005 年的标准做了修订和更新，其中包含一些必须严格执行的强制性条文，还规定施工图设计文件中宜说明该工程项目采取的节能措施及其使用要求；《绿色建筑评价标准 GBT50378—2014》；2016 年 5 月 1 日起实施的《图书馆建筑设计规范 JBJ 38—2015》，与 1999 年的规范相比，新规范增加了无障碍设计的有关内容，补充了图书馆部分新的功能空间，补充和修改了防火的相关内容，增加了室内环境的有关内容，增加了智能化和节能的有关内容及规定。

二、科学技术环境

科学技术环境为图书馆建筑设计提供技术支持以及相关学科和现代化信息技术的支持。一个成功的现代化的图书馆建筑，涉及方方面面的科学技术，例如建筑材料、建筑光学、建筑声学、建筑气象学、土木工程、土木建筑工程测量、工程结构、建筑设备、勘探测绘、施工、保养维修等。这些学科和技术的发展，能为图书馆建筑设计提供科学的理论和方法。我国目前的科技水平已得到显著提高，一些与国际接轨的新技术在图书馆建筑设计上也得到广泛使用，这使得图书馆建筑越发现代化，为更好地发挥图书馆职能提供了重要的技术支持，同时也极大地方便了广大读者，使读者更加便利地享受到图书馆的服务。

三、社会经济环境

由于目前我国公共图书馆属于公益性事业单位，其所有的经济来源都源自国家财政拨款，而我国在财政上用于文化事业的经费有限，图书馆经费一直以来都处于不充足的状态。图书馆建筑设计直接取决于国家拨款，虽然在新馆建设上一次性投入资金很大，但后续维持新馆运行的资金十分有限，虽然近几年经费数额上有较多的增长，但是不同地区因经济发展水平及速度不同，财政收入不同，导致用于图书馆建设的经费也有着极大的差距。发达地区财政收入较高，政府对文化事业也相对更加重视，用于图书馆发展的经费也必然得到倾斜，因而图书馆事业发展的速度及质量也更高，相反，贫穷落后的地区受财政收入的限制，人民整体思想水平也相对落后，对文化事业就越发不重视，图书馆事业发展水平就一直处在低水准。而国家短期内也不可能拿出更多的资金用于平衡各地区图书馆发展的差距，这些都阻碍了图书馆事业的健康稳定发展。

四、用户环境

读者用户是图书馆工作最直接服务的对象，因此用户环境对图书馆的建设和发展有着多方面的影响，其中包括用户的一些个性化因素，比如：年龄、文化及受教育水平、专业知识素养、职业技术能力、信息情报需求等。这些方面不仅对图书馆的业务方面有深刻的影响，对图书馆建筑的设计也有着不同程度的影响。比如：如果一个城市老年人和少年儿童读者比例高，那么图书馆在建设的时候，应当多考虑这个年龄段人群的特殊需求，比如无障碍设施一定要设计科学、落实到位，儿童阅览区尽可能设计在较低的楼层，占地比例也应当适当增加，以方便该年龄段人群进馆阅读。如果年轻的白领阶层为主要的用户，则可以在流通区域更加注重添加年轻时尚化的设计，以迎合读者的喜好，吸引更多读者来馆阅读。

第四节　图书馆建筑设计与历史文化环境

近年来，随着人们社交方式及信息交流形式的变化，图书馆建筑的功能也在不断地升级和拓展，其文化价值越发得以凸显。图书馆建筑通常是一个区域的文化名片和高端人文对话场所，今时今日的图书馆早已不仅仅是单纯的读书看报、信息研究及共享的平台，它的功能正慢慢地延伸为区域文化类社交平台。而未来图书馆发挥的文化职能和人文效应将是不可替代的[①]，因此在进行图书馆建设设计的初期，应当将城市的历史文化环境考虑在内，深入挖掘城市的历史根源及文化内涵，在图书馆的建筑设计中将其融入在内。

一、图书馆建筑设计与文化环境

图书馆建筑设计不仅仅是一个时代、一个民族的科技与艺术的反映，也是人们生活方式、意识形态和价值观的真实写照，而且这种对文化地域性、时代性、综合性的反映，是任何其他事物无法替代的，这是因为在图书馆建筑设计中包含了更多反映文化的人类印记，并不断增添着新的内容。融入了文化元素的建筑其本质是用独特的建筑语言表述一个地区人民的文学及艺术观念，以及人们对人生观、价值观和宇宙观的把握和理解。而图书馆本身就应当是饱含文化属性的地方，其建筑应当被赋予更深刻的历史文化内涵，这样可以给予使用者更多的文化熏陶[②]。

图书馆建筑是一个国家、一个区域、一个城市形象的文化标识，这座传承、流通和收藏文化的殿堂承载着一个国家、一个民族、一个地域、一个城市所特有的文化内涵，因此公共图书馆建筑应当以其所在区域的文化作为核心要素进行设计。文化环境是隐藏在社会生活中的无形环境，更是一种经过重重沉淀的民族灵魂。图书馆建筑设计为何要重点考虑到文化环境？

首先，文化与图书馆所具有的特定功能相一致，图书馆是一个跨越时间与空间、保存各类人文作品、汇集经典作品的文献中心，它具有浓厚的历史文化氛围，这一特点没有任何其他建筑作品可以与之比肩。

其次，文化是一个地区人类生活要素形态的统称，也是一个地区独特思维方式的精神表现。这种具有强烈地域特色的文化以图书馆建筑的形式再现，这体现了一个民族、一个地区、一座城市和一座知识殿堂对自身文化的自信。无论是现今高速发展的中国，还是世界其他国家，文化的主体意识都越来越成为最珍贵的自我认知、自强自信的精神财富。

---

① 宋静.图书馆建筑的地域性表达［D］.西安：长安大学，2014.
② 郝玲.图书馆建筑的环境与艺术设计研究［D］.西安：西安建筑科技大学，2006.

其三，文化是一个连续的统一体，现在的文化决定于过去的文化，而未来的文化仅仅是现代文化潮流的延伸，文化发展的每个阶段都产生于更早的文化环境。人类任何地区文明的进步，都是以其自身的文化为核心和支柱进行的。图书馆作为当代文化实体的标志性建筑，绝不应当仅仅满足于简单的仅体现现代感的建筑设计，或是一味地追求形式上的创新，当然也不能为了体现传统而墨守陈规，正确的做法是深入挖掘当地文化环境进行思考和再认识，认真理解和领悟经过历史沉淀的事物，那些往往是有着永恒价值并经得起时间考验的。在对图书馆建筑的特殊性和自身文化深刻认识之后，再将这种理念融入设计中去，只有这样才能设计出真正具有文化传承价值的图书馆建筑。例如，陕西省图书馆新馆的建筑设计和空间构成体现出陕西厚重、广博、深沉、坚定的文化特征。项目周围文化气氛浓厚，大区位中西侧有周丰镐遗址，北侧有秦阿房宫遗址，东南侧为昆明池。建筑用现代的材料构成方式体现传统的古典韵味，是对传统建筑框架的现代化诠释。外立面上现代简洁的石材与玻璃幕墙配以木纹肌理和坡屋顶的轮廓框架，既体现出传统文化的内涵，并且新颖时尚，具有民族感、时代感和超前意识。

图 3-10　陕西省图书馆新馆

二、图书馆建筑设计与历史环境

我国是有着悠久历史的文明古国，很多城市都有着深厚的历史渊源，这些历史是我们珍贵的资本，是我们中华民族永远的骄傲，我们应当将体现历史文化积淀和地域人文氛围的设计理念融入城市建筑中，在任何重要的城市建筑物中，更应当将历史文化沉淀的部分考虑在内。图书馆建筑作为地区文化建设的重要基础设施，是展现地域历史文化、营造地域人文氛围的重要场所，也是一个地区重要的文化地标性建筑，设计时应当将该地区历史发展脉络考虑在内。金陵图书馆设计以"琢石成玉"为主题，以地域特有的雨花石为构思的切入点，以中华民族独特文化结晶的玉石为升华，充分体现了地域文脉及环境特色。埃及作为古代建筑文明的发源地之一，在纪念性建筑方面取得了十分辉煌的成就。埃及新亚历山大图书馆就延用了这一成就中最具代表性的建筑地域性表达手法。设计者的设计理念和灵感来源于古埃及宗教神话中的太阳轮盘和古代埃及纪念性建筑的设计手法。

图 3-11　金陵图书馆　　　　　　　图 3-12　埃及新亚历山大图书馆

近年来，我国这种展现历史文化积淀的建筑多集中在历史悠久、文化底蕴深厚的城市，比如北京、上海、西安等，而今后这种展现城市历史文化的设计也应当被其他城市借鉴。即使是历史文化特色并不突出的城市，在建筑设计中也应当充分挖掘当地原生性本土特色、取材于当地生活、承接地方文脉、结合地方风土人情，从而实现与当地人民的直接性共鸣。

第五节　图书馆建筑设计环境与阅读推广

一、图书馆建筑设计环境对阅读推广的影响

图书馆建筑设计环境与阅读推广有着密切的关系，它们之间的相互影响是极其深远的。众所周知，环境对人的影响是体现在多方面的，而图书馆阅读推广的主体是人，因此可以预见，图书馆建筑设计环境对阅读推广的广泛及深远的影响。

图书馆建筑设计环境在一定程度上影响着阅读人群的数量。若图书馆建筑在城市规划中得到合理布局，那么首先就会有交通便利的优势，这样就使得它对受众的辐射力度更强，加之后期合理的网格化布局，例如有计划地规划城市书吧及分馆的数量及位置，这样就能够给读者提供更加便捷的阅读条件，真正实现零门槛服务，吸引更多人走进图书馆阅读，从而使得整座城市的阅读质量得以提升。另外，如果图书馆内部空间利用最大化，设计更加完善，馆内设备设施维修及时，从而提供更好的阅读环境，服务能力则又能提升到更高的层次。

图 3-13　沧州图书馆总服务台

图 3-14　沧州图书馆隐酌城市书吧

图书馆建筑设计环境直接影响着阅读推广活动的水平。公共图书馆主要的服务对象就是市民，充分保障市民的阅读权利，使市民感受文化氛围、提升文化水平，是公共图书馆的责任。如果当地图书馆的设计高于当地市民的心里期待，则能对市民产生更多的吸引力，一个更有文化氛围的环境可以在潜移默化中约束人的行为，无形中提升人的文化水平。另外，高端大气的环境更容易吸引高端人群，新的馆舍如果设计得当、温馨高雅，则更容易吸引社会上的高素

质人才前来，从而使得图书馆的阅读推广活动提升到一个更高的水平。这不仅仅体现在吸引高素质、高水平的读者上，更重要的是可以吸引社会上的高端人士前来举办活动，筹集到更多资金用于阅读推广活动，也可以以此为契机聘请知名专家、高级教授前来举办讲座，从而在当地读者中掀起阅读的新高潮。因此在进行图书馆建筑设计时，应当将今后的阅读推广活动考虑在内，为今后开展大中小型阅读推广活动提供良好的环境基础，使这些重要的空间设计的功能更加完善。

图 3-15　沧州图书馆多功能厅

图书馆建筑设计环境影响着阅读推广活动的规模。地市级旧的公共图书馆往往采用传统的设计模式，将图书馆空间的重点区域用于藏书和阅览，很少有留给阅读推广活动的空间。而当今公共图书馆在培养国民的阅读兴趣、阅读习惯，提高阅读质量、阅读能力、阅读效果上肩负着不可推卸的责任，阅读推广在图书馆功能中所占比重逐步凸显，而传统狭窄的空间极大地限制了阅读推广活动的开展，在新馆的建设中，各馆均加大了阅读推广活动空间所占的比例，空间大了，阅读推广活动就有了更广阔的空间可以更加积极地推进起来。

图 3-16　沧州图书馆报告厅

图 3-17　沧州图书馆四层第四多功能厅

图 3-18　沧州图书馆多功能厅

二、阅读推广对图书馆建筑设计环境的影响

事实上，在图书馆日常运行过程中，其建筑设计环境与阅读推广相互影响、相互推动。读者对图书馆建筑设计环境的认可，在某种程度上可以引发公共关系的再造。因此，吸引更多读者主动自发地参与到图书馆后期维护和再造中来，让更多有思想的读者愿意为自己认可的图书馆提出中肯的意见，这对图书馆的空间再造影响深远。这种影响不仅仅体现在对中心馆上，甚至体现在后期打造新的空

间，例如城市书吧及图书馆之城的建造上。阅读推广活动的深入开展，可以吸引一部分创业人员参与图书馆之城项目的打造，投入到文化创业中来。这些创业人多半是受过高等教育的年轻人，他们都带着新鲜的、颇具灵感的创意而来，在打造新的城市书吧及分馆的时候，必然会对阅读环境有着更高的要求，这对阅读空间的设计和建造都有着极大的推动作用。

图书馆馆舍建成后，一系列阅读推广活动也相继开展起来，这时候就是检验图书馆建筑设计环境是否合理实用的时刻了，有些设计限制了阅读推广活动的开展，则应当尽快进行调整，而有些设计对阅读推广活动非常有利，则应当将其发扬光大，这就是阅读推广活动对图书馆建筑设计环境的推动作用。除此之外，还有一些潜移默化的影响，也在默默地对图书馆建筑设计环境起着完善的作用，比如，随着图书馆阅读推广活动的积极开展，一些知名的学者、专家也会相继走进图书馆开展讲座，而这些专家在参观新馆的时候，会对新馆的建设提出一系列极其宝贵的意见，这些意见对空间设计的完善都有着重要意义，往往借鉴性很强，这也是阅读推广活动对图书馆建筑设计环境的提升。最后，随着阅读推广活动的展开，一些品牌推广活动逐步为人所知晓，这也有助于塑造图书馆新的形象，为图书馆建筑设计环境赋予全新的、灵动的灵魂，使得图书馆的形象更为立体和丰盈。

图书馆空间的环境心理学与阅读推广

随着科技的高速发展，人们的生活水平不断提高，越来越重视精神文化生活。建筑设计不再局限于单纯的"形式服务于功能"，而是加入并且重视人文元素。现代图书馆逐渐将"以人为本"融入建筑中，致力于打造更加舒适、人性化的阅读环境。这便要求图书馆进行空间设计时不仅要完善基础设施，还应该满足读者心理和精神需求。

众所周知，环境一般是指人们所在的周围地方与有关事物，对人们日常生活和日常行为产生一定的影响，通常分为自然环境与社会环境。环境也指周围人的关系及与之相关的各元素的综合，具有特定的秩序、模式和结构[①]。

而环境心理学是研究人的行为和周围环境的相互关系，基于此来改善物质环境、提升人们的生活质量[②]。其中人的行为包括可观察的活动、习惯，同时包括心理过程、行为的社会和文化差异。其中心理过程包括知觉、认知、情感、偏爱和评价等。

因此，我们应运用环境心理学专业知识指导图书馆空间设计，通过艺术的语言将图书馆的端庄典雅、舒适美观展示给读者，以此助推阅读推广。

---

① 陈璐璐.环境心理学在高校图书馆室内设计中的应用与研究［J］.大众文艺，2017（6）：114.
② 冯丽.基于文献计量的阅读推广评价文献研究［J］.图书馆研究与工作，2017（6）：66–70.

第一节 环境心理学

一、主要理论

（一）环境知觉

环境知觉是研究人对来自真实环境的刺激所产生的即时、直接的反应，包括认知成分、情感成分、解释成分和评价成分。环境知觉具有主观创造性，人们可以凭借过去的意识和经验对信息作出判断，再由不断的刺激和试验予以证实[1][2]。

环境心理学家总结出环境信息有八个特征：一是环境信息在时间和空间领域没有固定范围限制；二是环境通过感官知觉向人提供信息；三是人类能够处理的信息量远少于环境所提供的信息量；四是接受信息依赖人的感知功能性；五是行为的发生是环境提供信息的前提；六是环境刺激直接影响人的情绪；七是环境信息具有象征意义；八是环境具有审美性质。

（二）环境认知

环境认知是指人类对环境刺激的储存、处理、理解、重组、再认识的过程[3]。环境认知是人类生存的关键。心理学家认为，人类能够在记忆中再现客观事物，是人类识别和理解环境能力的关键。

环境心理学家认为环境认知有三个影响因素：一是人口因素，例如儿童的认知能力会随着年龄的增长而提高；二是经验、文化因素，直接影响人类对环境的认识和判断；三是物理环境[4]。

（三）空间行为

空间行为是指人们使用空间进行社会交往时的固有模式。个人空间、私密性和领域性是其中最重要的三个概念[5]。

个人空间没有明确的界限，但专家普遍认为，个人空间类似一个以人体为中

---

① 胡正凡，林玉莲.环境心理学：第3版［M］.中国建筑工业出版社，2012：29.
② 洪琳燕.环境知觉体验及其在城市公园设计中的应用研究［D］.北京：北京林业大学，2006：27.
③ 胡正凡，林玉莲.环境心理学：第3版［M］.中国建筑工业出版社，2012：68.
④ 洪琳燕.环境知觉体验及其在城市公园设计中的应用研究［D］.北京：北京林业大学，2006：29.
⑤ 胡正凡，林玉莲.环境心理学：第3版［M］.中国建筑工业出版社，2012：173.

心的气泡，腰部以上是圆柱，腰部以下是圆锥。随着人体的移动而移动，这是个人心理上需要的最小距离。私密性是对接近自己或者自己所在群体的选择性控制，并非离群索居，而是选择和控制生活方式和沟通方式。实际接触程度和个人私密性相匹配时被视为最有私密性水平。领域性是一种行为模式。个人或者群体占有或者拥有一定空间，对其加以人格化和防卫，以便达到某种目的[①]。

二、空间设计原则

在室内时，人的心理活动和行为活动直接受所在环境的适用性和舒适度影响，而人的各种需求同时反作用于室内环境，所以空间设计时要运用环境适宜原则。在图书馆空间设计时，既要使各空间发挥其功能，通过空间的照明、色彩、装饰材料等满足读者的心理需求和行为活动需求，又要通过空间内部不同构成向读者传达图书馆服务理念，增加文化氛围，打造出舒适的阅读环境[②③]。

心理学家巴甫洛夫曾经说过：暗示是人类最简单、最典型的条件反射，心理暗示会间接对人的心理和行为产生影响。在设计图书馆空间时，应合理规划各个功能区、营造明亮舒适的空间环境，通过环境知觉和环境认知抵消读者产生的焦虑、浮躁等负面情绪，促进读者积极主动、乐观地面对学习，同时提高读者的阅读效率。

环境刺激是指通过视觉、听觉、嗅觉和肤觉，使空间内的人的心理和生理特征相吻合，从而起到平衡刺激强度的作用。在此我们要强调的是，五分之四的信息是通过人的视觉被感知的，视觉刺激远远多于听觉刺激、嗅觉刺激和肤觉刺激。光和色彩是最直接、最重要的视觉刺激形式，在空间环境营造中给人最直接的心理体验。

---

① 胡正凡，林玉莲.环境心理学：第3版［M］.中国建筑工业出版社，2012：174–190.

② 黄晓春.基于用户心理和视觉感知的高校图书馆服务空间建设［J］.河南图书馆学刊，2016，36（3）：56–57+83.

③ 卢香霄.图书馆建筑环境设计与读者心理效应探讨［J］.图书馆论坛，2001（6）：30–31.

第二节　环境心理学与照明

从心理学角度来看，照明在室内空间中起着至关重要的作用，温和舒适的照明环境不仅能够使读者清晰地阅读书籍，同时还能缓解眼睛疲劳、保护视力，一定程度上提高阅读效率。众所周知，图书馆内部不同场所有不同的照明要求。例如，阅览室是读者阅读的主要场所，要求室内光照均匀柔和，既要满足读者亲近阳光的心理需求，又要使读者感到心境平和，因此一般采用自然采光和照明相结合。书架与书架之间空间较为狭窄，所以需要在书架之间保证足够的照度，舒适的光环境会方便读者查找图书、提高查找效率，同时缓解读者用眼损耗、保障视力健康。

一、图书馆照明设计标准

国家专门出台标准文件对图书馆照明进行明文规定，详情见表4-1，表4-2。其中表4-1是GB 50034-2013《建筑照明设计标准》中图书馆的照明要求[1]。表4-2是图书馆建筑照明功率密度限值。除此之外，根据 JGJ 16-2008《民用建筑电气设计规范》[2]，图书馆内应设置正常、应急、值班或者警卫等照明，并且应该单独控制。其中应急照明包括备用照明、疏散照明，正常照明、备用照明设置在房间内部；正常照明、疏散照明设置在走廊、楼梯间等公共区域；公共照明、办公区域照明应当分开配电和控制。

表 4-1　图书馆建筑照明标准

场所	参考平面 / 高度	照明标准值 /lx	UGR	Ra
一般阅览室、开放式阅览室	0.75m 水平面	300	19	80
多媒体阅览室	0.75m 水平面	300	19	80
老年阅览室	0.75m 水平面	500	19	80
珍善本、舆图阅览室	0.75m 水平面	500	19	80
陈列室、目录厅（室）、出纳厅	0.75m 水平面	300	19	80
书库、书架	0.25m 水平面	50	—	80
工作间	0.75m 水平面	300	19	80

---

① GB 50034-2013 建筑照明设计标准［S］.北京：中国建筑工业出版社，2014.

② JCJ 16-2008 民用建筑电气设计规范［S］.北京：中国建筑工业出版社，2008.

表 4-2　图书馆建筑照明功率密度限值

场所	参考平面 / 高度	照明功率密度限值 W/m2	
		现行值	目标值
一般阅览室、开放式阅览室	0.75m 水平面	300	19
多媒体阅览室	0.75m 水平面	300	19
老年阅览室	0.75m 水平面	500	19
陈列室、目录厅（室）、出纳厅	0.75m 水平面	300	19

二、阅览室照明

（一）照明方式

阅览室照明应该在照度标准值 200~750lx 之间选择，光线要充足，不能出现眩光，尽量避免扩散光产生阴影，同时减少书面和背景的亮度比，可适当采用台灯补充照明。

一般照明、混合照明是图书馆阅览室通常采用的照明方式。其中前者是选用功率较大和照明效率较高的若干照明灯具，对称安装在阅览室顶棚上，这样阅览室内可获得较好的亮度分布和照度均匀度，灯光能够照亮整个室内空间。后者可在阅览桌左前方配备荧光台灯作为局部照明，一定程度上起到缓解读者眼睛疲劳的作用[1]。

（二）灯具选择

一般照明方式适合具有良好眩光性能的开启式灯具，通常为半镜面和低亮度材料的格栅或漫射型灯，配备高品质电子镇流器或低噪音节能型电感镇流器。荧光灯和 LED 灯是阅览室照明灯具的首选。

荧光灯发出的光线匀称、温度较低，发光效率和寿命明显高于普通的白炽灯。在使用荧光灯的基础上，优选相同系列的智能型电子镇流器。这是因为智能型电子镇流器在灯打开后，切断多余的灯丝电流，可达到节能效果。

LED（发光二极管）灯可以直接把电能转化成光能、节能、寿命长久、发光面大、没有眩光、无频闪、视觉效果良好，同时由于灯具不含铅、汞等重金属，

---

[1] 王浩然，胥正祥 . 学校和图书馆照明设计［J］. 智能建筑电气技术，2012，6（1）: 67-69.

环保性能好。LED 灯能量消耗低、寿命长。其耗能是白炽灯的 1/10、节能灯的 1/4。LED 灯可有效避免由于温度过高导致灯丝熔断。然而缺点显而易见，随着使用时间的增加会出现老化问题①。

其实，不仅在灯具的选择上可以节能，而且合适的照明分布和控制也能够达到节能效果。例如可以实行分区照明、分时照明，安装感应开关和台灯，走廊处配备低瓦数的灯具或者隔盏开灯等。

图 4-1　沧州图书馆阅览室照明

图 4-2　法国图书馆照明

图 4-3　上海嘉定图书馆照明

图 4-4　韩国国立中央图书馆照明

三、书库照明

（一）照明方式

书库照明要避免顶棚光源直射人眼，防止出现眩光。同时书架的垂直面照度要求均匀。书库照明一般有两种方法：室内普通照明、直接书架照明。

---

① 麦笃彪，温小明. 海口经济学院图书馆藏书空间的照明设计与实现［J］. 照明工程学报，2017，28（3）：20–23+61.

顶部照明是书库最常用的室内普通照明方法之一。为了方便安装和使用，可在顶部采用可拆卸的天花板，需要时可将天花板调换成照明灯具。因为书架排列比较密集，所以在普通照明的基础上，还要在各排书架垂直面上安装照明灯具[①]。

（二）灯具的选择

书库照明通常采用间接照明，选用多水平射出光线的荧光灯具。珍贵的书籍和文物书库应该特殊处理，宜选用过滤紫外线的灯具。书架与书架之间的照明灯具应该具有窄配光光强分布特性，见图4-5[②]。由于锐截光型灯具照射在书架上部会产生阴影，所以书架照明不宜采用此种灯具。同时无罩直射灯具和镜面反射灯具易引起光亮书页或者光亮印刷字迹的反射，干扰视线，因此也不宜采用[③]。

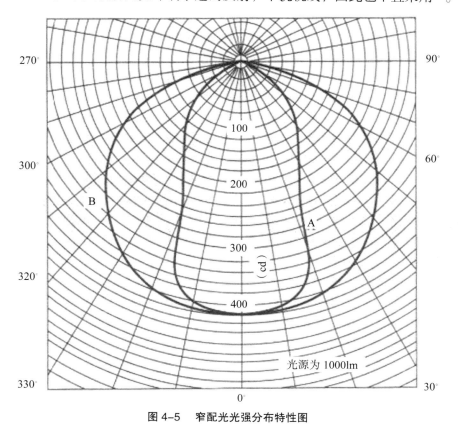

图4-5 窄配光光强分布特性图

---

① 王浩然，胥正祥．学校和图书馆照明设计［J］．智能建筑电气技术，2012，6（1）：67-69.
② 李文华．室内照明设计（环艺专业）：第2版［M］．中国水利水电出版社，2012：177.
③ 马霄鹏，夏鑫．图书馆书架照明设计分析［J］．智能建筑电气技术，2013，7（4）：28-32.

书库灯具通常安装在书架行道上方，有四种安装方式：吸顶安装、嵌入式安装、灯具与书架一体化、单侧书架投射方式，其中第一种最为常用，具体情况见图4-6[1]。同时还需配置电器安全防护、防火装备。书架通道、书库两端、书库楼道等地方的照明应分别设置独立开关、双控开关[2]。

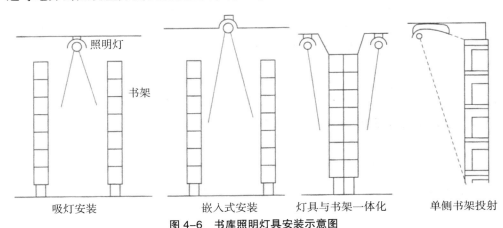

| 吸灯安装 | 嵌入式安装 | 灯具与书架一体化 | 单侧书架投射 |

图4-6　书库照明灯具安装示意图

图4-7　沧州图书馆分馆照明

图4-8　武汉大学图书馆照明

四、其他区域照明

（一）门厅照明

门厅是室外与室内的过渡空间，是给读者留下第一印象的空间，并且与大堂相连，读者会在此短暂停留，这就要求门厅设计与图书馆整体风格、定位和谐统

---

① 李文华.室内照明设计（环艺专业）：第2版［M］.中国水利水电出版社，2012：178.
② 宋大伟.某图书馆书库照明设计［J］.智能建筑电气技术，2013，7（3）：54-58.

一，照明要简洁明快，能够烘托出大堂的气派的同时切忌喧宾夺主。由于室外自然光线不断变化，因此需要设置调光器或开关，根据具体情况调整室外照明。在设计门厅照明时要充分考虑眼睛的适应状态，能够清晰识别人的面部表情。

图4-9　沧州图书馆门厅照明

（二）大堂照明

大堂是集接待服务、读者交流、交通指引于一身的重要功能区域。照明方式要求既能满足整体空间的照度要求，又能同时满足不同功能区域的要求，为读者及工作人员提供充足合理的照度以及照明方式。

大堂照明要考虑总体照明、功能照明。总体照明能够起到装饰、控制空间尺度和氛围的作用。最常见的方式是选用带装饰性的发光顶或者槽灯，照度在150~250lx。服务台上部照明属于功能照明。服务台是读者进入图书馆进行咨询、办理借阅证的地方，因此要求照明有高于整个空间总体照明的照度，目的是使服务台成为读者的焦点。具体要求是表面亮度要均匀，能够方便读者和工作人员阅读及文字书写，同时垂直照度良好，使读者和工作人员面部都有较好的照度、使人产生亲切的感觉，可以选用暗藏式照明，防止眩光的产生。大堂内配备的读者自动办证机、自助还书机、电子屏、检索电脑、指示牌、银行提款机、展示柜等均可以采用局部照明，选择照度适中、不能过亮的灯具。

图 4-10　沧州图书馆总服务台照明

（三）楼梯间、电梯间照明

楼梯间多采用漫反射式吸顶灯，回转楼梯可在回转处安装吸顶灯或者壁灯；考虑到节能环保要求，楼梯间采用瞬时启动的白炽灯为宜，乳白灯罩较好。

电梯间人员流动比较频繁，一般照度在 75~150lx，采用吸顶有罩的荧光灯具为宜，或者选用筒灯、壁灯、荧光灯槽、装饰性较强的组合灯。

（四）走廊照明

图书馆的走廊一般很长，没有自然采光，无论白天还是黑夜都需要人工照明。过长且直的走廊会使照明器更易进入人的视线范围，可采用建筑化照明、发光灯槽、吸灯或者嵌顶灯具，灯源选用荧光灯、白炽灯或者节能灯等。同时，应在走廊安装应急灯和疏散指示灯。疏散指示灯一般安装指向转弯出口、疏散楼梯或者疏散出口，也可以将应急灯和疏散指示灯结合在一起。在通往安全门的地方可以设置长明灯。

图 4-11　沧州图书馆走廊照明

第三节　环境心理学与色彩

　　一般建筑是通过三个要素表现其独特的形象：形式、质感、色彩。色彩是最具造型活力、视觉冲击力的元素，能够装饰美化建筑、反映建筑特色、表达情感。在图书馆空间设计中，巧妙地运用色彩感情规律，充分发挥其暗示作用，能够更容易引起读者的联想和想象，产生意想不到的效果。例如，位于美国波士顿近郊多尔切斯特的哥伦比亚角的约翰·肯尼迪图书馆内部空间大量运用黑色、白色元素，形成强烈的颜色对比，让读者充分感受到沉思、缅怀，达到纪念约翰·肯尼迪的效果。因此，在设计图书馆内部空间时，设计者要以读者的心理需求为出发点，根据读者对色彩的心理感受来设计，营造一种温馨、亲切、舒适、安静、和谐的阅读氛围，最终达到提升整体服务水平的目的。

　　广义的图书馆色彩是指整个建筑的内外部色彩总和；狭义的图书馆色彩仅是图书馆内部空间所有能被视觉感知的色彩面貌。

一、色彩象征性

心理学家和美术学家发现，不同的色彩对人的知觉、心理与情感会产生不同的影响。

色彩可以分为无彩色系、有彩色系。其中前者包括白色、黑色及白黑混搭形成的灰色；后者包括红橙黄绿青蓝紫等。色彩的亲和力因人而异，受一个人文化背景、社会环境、宗教信仰、生活经历、年龄阶段、情感等因素的影响，例如有人偏爱白色，有人偏爱黑色；小朋友普遍喜欢黄色、红色，老人喜欢黑色、灰色。如果将两种或以上颜色放在一起或者调和后，将会产生别样的视觉和心理感受。因此，色彩的心理感受是具体而复杂的，同时也是千变万化的。但是研究发现色彩的象征有以下规律可寻，具体情况见表 4–3[①]。

表 4–3　色彩象征性

色彩类别	色彩名称	成因	象征性
无彩色系	白色	全部可见光均匀混合而成，又名全色光	清静、神圣、神秘、干净、纯洁、纯真、朴素、雅洁
	黑色	无光	悲伤、阴沉、恐惧、严肃、庄重、刚正
	灰色	黑白之间，中等程度及低彩度	平淡、乏味、枯燥、沉闷、寂寞、颓废
有彩色系	红色	波长最长，可见光谱的极限	兴奋、激动、快乐、喜庆、紧张、艳丽、青春、生命力
	橙色	波长在红、黄之间	温暖、香甜略带酸味、明亮、华丽、动人
	黄色	波长适中，最亮的颜色	明亮、辉煌、灿烂、快乐
	绿色	波长适中，人的视觉对于绿色光反应最平静	和平、希望、无限、理想、深远、公平、充实、丰饶
	蓝色	光波短于绿光，在视网膜上的成像位置最浅	崇高、深远、透明、智慧、理想、无限、薄情、悠久
	紫色	温暖的红色和冷静的蓝色混合而成	优美、高贵、典雅、古风、高尚、消极

由此可见，在设计图书馆空间时，必须考虑不同色彩在不同环境中对人产生的心理影响，根据不同场合不同色彩的选择运用不同的空间色彩。

① 代为强.图书馆室内空间对学习行为的影响［D］.大连工业大学，2015：21–22.

二、色彩设计基本原则

图书馆内部空间色彩与读者的阅读需求和学习情绪息息相关。这就要求设计者在选择配色方案时，既要求与图书馆整体建筑环境保持和谐一致，又要适合室内读者阅读、激发读者学习动力。

（一）协调统一

协调统一是最基本的配色原则。当不同色彩相互作用于图书馆内部空间时，协调与对比是最根本的关系，是营造阅读和学习氛围的核心。室内各个空间中的色彩选择必须有一个整体的色调，使读者在繁芜多变的色彩中能够感受到这一色调所呈现的整体和谐[1]。

图 4-12　沧州图书馆数字图书馆体验区

这就要求设计者先要确定图书馆的色彩大基调，然后选择小基调色彩（例如邻近色）来展现不同的主题,把握好和谐与对比的关系,使得室内色彩更富有氛围。可以通过调和，即利用色彩的平衡协调状态，具体通过色相调和、彩度调和、明

① 代为强.图书馆室内空间对学习行为的影响［D］.大连工业大学，2015：24.

度调和等方式为图书馆设色。可分三步走：第一步，在色彩对比中寻求色彩平衡，例如红色与浅黄色搭配较为平和，但是红色与绿色搭配相斥；第二步，进行色彩调和，要求色彩之间过渡自然，主要运用色彩间隔和渐变原理；第三步，选择运用邻近色[①]。沧州图书馆的整体空间与特色空间的色彩搭配即遵循这一原则。其中墙面地面以暖黄、浅黄为主，门、书架侧板、阅览座椅均以杏黄色为主色调，其余配以白色点缀，创造了一个富丽堂皇、温馨温暖、典雅明快的学习空间，与读者的心理感受有机碰撞，为读者营造了一个充满希望、愉快和安静的学习环境。

图 4-13　沧州图书馆经典阅览室　　　　图 4-14　沧州图书馆书画专题馆

（二）人性化和个性化

不同的色彩会使人产生不同的情绪变化，而不同的人面对同一种色彩时，也会因为自身年龄、知识背景、文化底蕴、社会经历、性格特点等的不同产生不同的联想。但是对于大部分人来说，对于色彩有相当程度的共性存在。所以在设计图书馆空间时要注意色彩联想感知的运用[②③]。

以读者年龄段为例，儿童大部分活泼好动，他们对一切事物都会感到新鲜、好奇，充满探索欲，绚丽多彩的色彩符合他们的年龄心理；而对于中青年人来说，他们对人生充满希望与憧憬，绿色、蓝色和黄色正是希望、理想、辉煌的代表色；老年人已经度过人生忙碌、奋斗的阶段，他们更多的是渴望宁静、舒适、平和的生活，此时平淡沉稳的色彩符合他们的年龄心理[④]。所以，在设计图书馆的儿童阅

① 陈明宏.图书馆色彩配色初探［J］.图书馆建设，1997（3）：76-77.

② 周密.高校图书馆室内空间的色彩配色［J］.科技资讯，2016，14（36）：131+133.

③ 王蔚.现代图书馆的色彩规划设计［J］.图书馆学刊，2012，34（6）：1-2+12.

④ 田建良，冯星宇.图书馆阅览室色彩设计与读者阅读心理［J］.河西学院学报，2007（4）：91-92.

览区、古籍阅览室、报刊室等场所时，应该充分考虑该场所主要的读者的年龄阶段及心理特点，以此为根据设计该阅读区域的色彩。

同时不同的国家、不同的地区、不同的民族有着不同的历史、不同的文化、不同的风俗习惯，这些不同造就了人们对于色彩的独特喜好。所以在图书馆空间配色时，不仅要考虑年龄段，还要考虑地域差异，综合各种因素，真正做到以人为本，打造和谐舒适温馨的阅读和学习场所。

（三）室内空间功能化

色彩的运用除了要注意人的情绪外，还要注意色彩强弱、轻重感、冷暖色调的运用。众所周知，越是鲜艳的色彩，越容易被人们感觉到，这样的色彩具有非常强的暗示作用，与之相对的灰暗色彩则不易被人们所感觉到。而色彩会在视觉上给人一种温暖度，因此我们将色彩分为暖色系和冷色系，不同色系的色彩给人的温暖度不同。例如红色、橙色和黄色是暖色系，会给人一种温暖甚至热的感觉，一般对人会产生一定的刺激作用；但是蓝色、紫色是冷色系，相对于暖色系会使人产生一种冷的感觉，给人以沉静稳重的感觉。与此同时深色物体会让人感觉沉重，而浅色物体会让人感觉轻便。例如深色的地板会让人感觉结实，浅色的天花板会让人感觉轻松，这两种色彩搭配在一起容易使人产生安全感。

众所周知，图书馆内不同的空间承担着不同的功能，在选择色彩时除了考虑以上各因素外，也应该考虑各区域的功能[1]。重庆大学的袁恩培、魏超曾经研究过图书馆的不同区域的色彩调配方案，如表4-4所示[2]。

表4-4　图书馆空间区域色彩搭配

图书馆区域	色彩搭配特点	冷暖色调	色彩纯度	色彩强弱度
入口区域	干净、快乐	暖色调	低	明亮
信息咨询区域	热情、鲜明	浅色调搭配醒目标识	适中	明亮
阅读区域	清静、自然、柔和	冷色调	低	明亮
藏书区域	清静、自然	浅灰白色调	适中	较暗
公共活动区域	热情、快乐	暖色调	适中	明亮
办公区域	明快、稳重	暖色调	适中	明亮

---

[1] 江佩宜.高校图书馆建筑内外空间中的环境色彩解读——以华中科技大学图书馆主馆为例［C］//中国流行色协会.2016中国色彩学术年会论文集.北京：中国流行色协会，2016：6.

[2] 袁恩培，魏超.基于阅读心理的图书馆室内环境色彩研究［J］.图书馆，2013（6）：126-127.

　　另外，图书馆的基础设施也应该注意色彩的运用，具体情况见表4-5。标识牌、通知、警示牌需要抓住人们的眼球，引起人们的重视，所以要采用鲜艳、明亮、强对比的颜色；阅读桌、书架和窗帘是读者长时间接触的物品，如果采用高亮度、高纯度的色彩，容易引起视觉疲劳，所以采用浅色系列、低纯度，显得柔和、舒适，有利于读者长时间阅读和学习。

表4-5　图书馆基础设施色彩搭配

基础设施	色彩搭配特点	色彩对比度	冷暖色调	色彩纯度
标识牌	鲜艳、明亮	强对比		
警示牌	鲜艳、明亮	强对比		
通知	鲜艳、明亮	强对比		
阅读桌			浅色系	低纯度
书架			浅色系	低纯度
窗帘			浅色系	低纯度

图4-15　广州市海珠区少年儿童图书馆

图 4-16　沧州图书馆尚书童讲读馆内景

图 4-17　沧州图书馆尚书童讲读馆外景

图 4-18　美国国会图书馆

第四节 环境心理学与装饰材料

装饰材料的运用是图书馆空间设计非常重要的环节。其运用的好坏直接关系到读者对图书馆的整体感觉以及活动的舒适度。不同的装饰材料有不同的物理特性，而材料会通过视觉和触觉影响人的心理以及行为。

一、材料心理属性分析

不同质感的材料会给人不同的视觉和触觉感受，而不同视觉和触觉又会给人不同的心理感受[①]。

软和硬是材料给予人们的第一感觉，在影响人的心理方面有着至关重要的作用，例如质地柔软的材料容易让人感到亲切、柔和，质地坚硬的材料容易让人感到严肃、坚硬、挺拔、硬朗、有力度。

材料具有冷暖属性，包括触觉冷暖和视觉冷暖。从触觉上来说，一般质地柔软的材料向人传递暖色，如木材、丝绸，而质地较硬的材料的视觉表达更加偏向冷色，如金属、石头和玻璃。视觉上，材料主要通过自身的纹理影响人们的心理感受。例如木纹象征着大自然、岁月，石材象征着坚硬、坚韧、沧桑，玻璃象征着冷酷、冷静、魔幻，金属象征着科技、进步。

轻重是材料固有的属性之一。轻质材料使空间充满柔和感、轻松感，让人心情更加愉悦、轻盈，适合营造欢快活泼的空间，例如木材、玻璃；相对重、有体量的材料充满厚重感、沉重感和压抑感，适合营造庄重沉稳的空间氛围[②]。

根据空间功能和特征，合理运用和搭配材料的冷暖、轻重，会增加空间的设计感，有利于打造理想的空间环境，提高读者的阅读和学习效率。

二、材料选用

目前市面上的装饰材料种类丰富，主要有石材、金属、陶瓷、木材、塑料、玻璃、无机矿物、涂料、纺织品等，有的材料具有防水、防火、防潮、防霉、吸声、隔

---

① 王洁.室内设计——材质触感的心理分析［J］.大众文艺，2014（19）：115.
② 代为强.图书馆室内空间对学习行为的影响［D］.大连工业大学，2015：26–28.

热、耐酸碱、耐污染等功能。在选择图书馆装饰材料时，既要考虑材料属性和心理属性、空间功能和特征，同时也应兼顾绿色环保、地方特色和文化内涵等要求。

金属、石材等材料具有相对较高的硬度，而且密度大、质量大，可以构造稳固的结构框架，给读者带来安全感，适用于墙面或者地面。

玻璃是不可或缺的图书馆装饰材料之一，钢化玻璃坚固，磨砂玻璃具有朦胧感，清玻璃透光清爽、具有时尚感。清玻璃透光性好，一年四季都可以增加图书馆室内空间的自然光，提高室内空间的自然光照，给读者带来舒适、宽广、豁达、愉悦等感受，同时有利于缓解室内读者的视觉疲劳，从而提高阅读效率。

不同的天棚材料、吊顶造型、墙面材料、地面铺装等都会对读者的阅读行为产生不同的影响[1]。例如全吊顶集成板材配合天花灯和石膏板材吊顶给读者带来不同的感受。腻子粉配合乳胶漆的墙面会增加光线的反射，提高亮度，扩宽视野。

除上述选择装饰材料外，一定的表现手法可以赋予图书馆空间创新的体验，也同样会对读者心理造成影响，例如对比、强调、主次、衬托。将多种（两种或两种以上）装饰材料排列组合，使之在质感、色泽、大小等方面形成鲜明对比，会以强烈的反差创造出视觉冲击力，吸引读者眼球，让读者更加专注于阅读。

图 4-19　沧州图书馆概念店

---

① 刘宝华［1］.吉林省图书馆内部装修设计初探［J］.吉林化工学院学报，2013，30（12）：126-129.

图 4-20　沧州图书馆总服务台文字墙

图 4-21　天津泰达图书馆玻璃墙

图 4-22　重庆科技学院图书馆顶棚造型

图 4-23　丹麦皇家图书馆

第五节　环境心理学与噪音

心理学认为噪音因人而异，一般是人们不需要或者不能接受的声音。各种声音环绕在人们周围，绝对安静的环境是不存在的，当声音超过人们的心理或者生理接受范围时，噪音便形成了。有的声音对于某些人来说非常悦耳，是一种享受，而对于另外一些人来说则是不能接受的噪音[①]。噪音对于图书馆读者来说会干扰阅读和学习，带来不好的体验。所以要控制图书馆噪音，为读者打造一个良好的学习氛围。

一、噪音级别标准

表 4-6 是噪音的级别以及对应的给人的感受。噪音带来的感受一般分为 6 种：安静、较安静、一般、吵闹、很吵闹、难以忍受。正常情况下，40 分贝是环境噪音标准，超过 40 分贝是有害噪音[②]。

表 4-6　噪音级别及对人的影响

人们的感觉	噪音级别	人们的感觉	噪音级别
安静	0~20 分贝	吵闹	60~80 分贝
较安静	20~40 分贝	很吵闹	80~100 分贝
一般声响	40~60 分贝	难以忍受	100 分贝以上

表 4-7 是《图书馆建筑设计规范（JGJ38-99）》图书馆各场所噪音上限标准。图书馆静区包括报刊阅览室、普通 / 专业阅览室、缩微 / 珍善本阅览室、研究室，噪音控制在 40 分贝以内；较静区是儿童阅览室、电子阅览室、视听室、办公室，噪音控制在 50 分贝以内；闹区则是陈列室、休息区、目录厅、出纳厅、走廊和其他公共活动区[③]。

表 4-7　图书馆噪音上限标准

场所	噪音上限	场所	噪音上限
报刊阅览室	40 分贝	儿童阅览室	50 分贝
普通 / 专业阅览室		电子阅览室	
缩微 / 珍善本阅览室		视听室	
研究室		办公室	
陈列室	55 分贝	出纳厅	55 分贝
休息区		走廊	
目录厅		其他公共活动区	

---

① 胡正凡，林玉莲．环境心理学：第 3 版［M］．中国建筑工业出版社，2012：150.

② 蒋新，刘尧琪．图书馆的噪音分析与控制［J］．图书馆建设，2004（3）：85-86.

③ 张瑞英，杨缨．营造良好的阅读环境——减少高校图书馆内人为噪音的策略［J］．图书馆界，2015（2）：80-83.

二、噪音来源

图书馆噪音分为外部噪音和内部噪音。外部噪音主要有交通、工厂、建筑施工等引起的噪音；内部噪音既包括设备运行出现的噪音，也包括工作人员、读者活动产生的噪音。内部噪音是图书馆最主要的噪音，与馆内设施设备、结构、装饰材料、平面布局、读者环境意识密切相关。研究表明，读者环境意识是影响图书馆内部噪音的关键所在，例如大声谈话、手机铃声、吃东西、喝水、高跟鞋、睡觉打呼噜等行为都是环境意识差的体现。少年儿童吵闹是最重要的噪音来源，例如儿童大声说话、在公共区域内吵闹，学生放学或假期在馆内学习讨论[①]。

三、噪音控制

（一）转变用户观念

国外公共图书馆认为图书馆不再需要绝对安静。美国洛杉矶图书馆馆长肯特曾经说过："公共图书馆是除了家庭和工作等场所之外的、公民可参与的、相对自由的空间，公共图书馆是活跃的、充满活力的，但是有时是嘈杂的。"新型图书馆不仅提供文献借阅服务，还提供讲座、沙龙、影视放送等服务。声音不可避免地产生了。公共图书馆在使自己更加有活力时，读者并没有完全接纳此改变。读者认为公共图书馆应该是绝对安静的场所，并以此标准来评判转型后的图书馆，最终引起对图书馆噪音的不满。面对这种情况，需要加大对新型图书馆的宣传力度，推广图书馆的新型服务，改变读者对于图书馆的旧观念[②]。

（二）设备降噪

控制图书馆建筑设备的噪音，选用噪音低、有静音功能的设备，将空调主机、电梯主机等噪音源进行物理隔离，使之远离静区。尽量减少墙壁的光滑度，增加墙壁的粗糙度，让声波产生多次折射减少回声，还可以选用吸收声音效果较好的装饰材料，如壁纸。因为木质材料具有纤维多孔的特性，能吸收噪音，所以要多

---

① 张瑞英、杨缨.营造良好的阅读环境——减少高校图书馆内人为噪音的策略［J］.图书馆界，2015（2）：80-83.
② 李斯.公共图书馆转型背景下的噪音问题——基于微博的调查［J］.图书馆论坛，2018，38（1）：100-106.

采用木质家具，例如木书架、木桌椅。有条件的情况下，可采用地毯、木质、新型橡胶地板等减小高跟鞋、挪动桌椅、书车往来等噪音 [1]。

（三）合理规划空间

公共图书馆要将闹区、静区分开，采用"流阅一体"的格局，以方便读者查书、读书。例如将静区设置在较高楼层，安装隔音墙或者隔音玻璃使该区域不受其他地方影响；静区可以禁止少年儿童进入，为方便少年儿童学习讨论，可以设置专门的阅览室和讨论空间；尽量减少噪声源；在馆内每层设置电话间，为读者提供专门打电话的场所等。

---

[1] 曲红升.图书馆空间降噪设计探寻［J］.图书馆工作与研究，2013，1（6）：52–54.

图书馆内部空间设计与阅读推广

第一节　图书馆内部空间功能分区与功能空间的当代特征

一、图书馆内部空间功能分区

传统的图书馆功能很单一，借阅空间、藏书空间、办公空间彼此分开，很少承担其他职能。信息时代的现代图书馆功能越来越多样化，朝着多层次、复杂、灵活、高效的方向发展。

（一）入口部分

入口部分主要包括入口门厅、存包处、出入口控制台、门卫管理、消防、防爆防恐管理等。入口处需要方便进入其他区域，易于管理。公共图书馆读者人流量大，持续时间长，门厅是其"交通枢纽"，具有接纳和分散人流的功能，所以门厅的人流动线要清晰流畅。大多数图书馆都有多个入口和出口，馆员应有专门的进出通道。公共图书馆内人员密集，有必要在设计中充分考虑疏散渠道，以应对突发紧急情况。

沧州图书馆东门为主入口，门口设有门禁和安检设备，门口两侧有各种宣传展板，让读者一入馆就感受到浓厚的文化氛围，这也可视作阅读推广的一种方式。

图 5-1　沧州图书馆入门部分

东莞图书馆北侧和南侧有两个主要入口。北侧入口正对主干道，人流量大，因此在外部设置自行车岛式停放处，为自行车用户提供一个集中停放的场所，以避免建筑物被自行车包围的尴尬局面。在入口大厅，每个功能区的布局一目了然，方便读者查询使用。

图 5-2　东莞图书馆入门部分

（二）信息共享大厅

信息社会中的图书馆更加关注人与人之间的互动和沟通。入口附近的信息共享大厅主要由咨询区、办证区、信息检索区、数字资源借阅区、图书馆活动信息发布区、读者交流区等区域构成，应设置在紧邻入口的中央大厅内。读者可以直接从入口到达这个区域，并可以轻松到达其他阅览区域。咨询区是大多数读者经常光顾的地方，在咨询区工作的图书馆员可以回答读者的咨询并指导读者检索。办证区域通常人流量较大，需要足够的空间。中央大厅的大屏幕可以发布图书馆馆讯、活动信息，大厅可以放置数字资源借阅机，方便读者获取信息，还可以通过放置展架举办小型展览，成为读者休闲交流的体验区。

作为"城市厅堂"的共享大厅，面积上可占到整个建筑的 1/4 到 1/3。在布局设计上，可设置为回字形、圆形及异形等，兼具实用性和艺术性。

图 5-3 河北省图书馆共享大厅

图 5-4 太原图书馆共享大厅

图 5-5 杭州图书馆共享大厅

太原图书馆共享大厅中庭上部向内收拢的形态使建筑内部空间形式回归原始形态，读者犹如置身静谧的树林间、草庐下读书。东西两侧的墙柱斜向排列，形成漫射光，避免了阳光直射对读者阅读的影响，减少了能耗，增加了馆内的光影效果和空间美感，也增加了读者的文化感受。

沧州图书馆共享大厅兼具咨询办证、信息检索、数字资源借阅、图书馆活动信息发布、举办读者活动等多项功能，流线四通八达，方便读者到达各个服务区域，为读者休闲娱乐提供了场所。

图 5-6　沧州图书馆共享大厅

（三）阅览区

现代图书馆的阅读区域集阅、藏、借、管的功能于一体，为读者提供了多种选择。数字化图书馆的阅读方式需要增大阅读桌的面积，并提供相应的网络信息接口，空间应具有更大的灵活性，以满足读者开架阅读和功能变化的需要。

1.普通阅览室

普通阅览室是图书馆的主要阅览室，包括中文阅览室、外文阅览室和地方文献阅览室等。可以按照大、中、小分为不同的类型，灵活布局，易于管理。阅览室一般座位比较多，有大量的开架图书，在布置上应整齐划一、简洁明快。从使用角度来说，阅览室最好不设柱子，如果在结构上不允许，应以不妨碍交通和有利于阅览桌的布置为原则。阅览室太大，人多容易嘈杂，还会相互干扰。一般认为：大型阅览室面积最好在 500~1600 平方米；中型阅览室为 150~500 平方米；小型阅览室为 80~150 平方米。

图 5-7　汤湖图书馆阅览室

现代有很多图书馆在内部设计上，阅览区域完全是大开间式结构，比如天津图书馆文化中心馆，大敞开式的开架阅览，没有墙壁阻隔，明亮的自然光照射进来，虽然是在室内，但读者犹如行走在街道上，人流穿插交错其中。

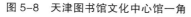

图 5-8　天津图书馆文化中心馆一角

图 5-9　天津滨海新区图书馆一角

而天津滨海新区图书馆的内部设计，书架也是阶梯，以书架包围人，实现阅览功能的同时，还创造了休息、会友、交流、攀爬的空间。这样的设计为读者提供了充分的社交空间。

杭州图书馆阅览区采用大开间、全开架的设计，进行"借、阅、藏"一体化管理，体现"书随人转"的现代图书馆服务理念；利用桌椅、书架进行"软分隔"，使各功能阅览区既相对独立，又无障碍贯通，方便读者在图书馆内自由穿行。

图 5-10　杭州图书馆阅览区

太原图书馆内部装饰以"书宅大院，中式风格"为总基调，秉承中国书院和三晋院落风格品质，在书柜、阅览桌椅等柜架的选择上注重体现中国元素，稳重大气、端庄典雅的中式风格让读者心灵归于平静；中式的庭院家具布置和五楼专题文献区三晋院落的围合设计，充分彰显了中国传统文化和山西文化的丰富内涵；与主阅览区相呼应的东边厅休闲阅览区，将城市空间、汾河景观引入阅读空间，成为宜人的阅览和观景空间。一体化、精细化、人文化的馆舍内部设计，冷暖、动静、疏密相结合，用端庄雅致的阅览书架、桌椅和精致温馨的阅览灯具营造出典雅、静谧的空间氛围，实现了大空间的和谐，小空间的温馨。

沧州图书馆阅览室在内部设计上体现了借藏阅一体的空间共享形式，杏黄色的书架、桌椅搭配亮白色的顶棚及淡黄色的柱子、墙面和地面，加上建筑内部的挑高设计，整个空间温馨大气，营造了优雅宁静的阅读氛围。

图 5-11　太原图书馆阅览室一角　　　　　图 5-12　沧州图书馆阅览室

2. 报刊阅览室

期刊是一种特殊的连续出版物，具有固定的名称和统一的外部形状，是一种周期性的连续出版物，它可以及时反映一些最新的研究成果、论文和科技信息。大中型图书馆通常有成百上千种中外期刊。在期刊阅览室中，现刊和近期期刊通常以开架的方式展示，供读者自由阅读，还有专门的期刊目录，供读者借阅过期的期刊。

报纸区主要展示各种当月的报纸，供读者查阅。阅读报纸的读者大多为浏览性质，停留时间短，读者多为老年人，因此报刊区通常设置在较低楼层，方便老年读者到馆阅览。在阅读区域的布局中，一些图书馆设置了报纸阅读桌，有的设置了固定的阅读架，方便读者站着翻阅报纸。这种布局不仅节省了空间，而且避免了报纸乱夹乱放的现象。

图 5-13　汤湖图书馆报刊阅览室

图 5-14　沧州图书馆报刊阅览室　　　　　图 5-15　杭州图书馆报刊阅览区

　　沧州图书馆报刊阅览区的跃层设计有效利用了空间，体现了"人在书中，书在人旁"的特点，报刊架之间的座椅安排使读者阅读更具方便性和随意性。为了提供充足均匀的光源，杜绝光影和暗角的产生，阅读区域采用了自然光和人造光结合的采光方式，便于读者集中注意力，整个阅览室在日光和灯光的照明下显得舒适宁静。该区书墙、报刊架、阅览座椅、馆员工作服务台的材质与色彩一致，体现了整体性、统一性的原则。

3. 研修室

图 5-16　沧州图书馆专家研修室

　　研修室适合那些长期学习和研究相关领域的人使用，他们需要一个安静、不受打扰的环境，这要求研修室在空间上与其他区域隔离，优选单独的区域。在大学图书馆，研修室专门用于教师、研究生和毕业生做一些专题研究。在大型公共图书馆，机关单位和研究机构的专家学者则使用它来研究和获取信息资料。研修室的门需要带锁，由特定用户自行管理和使用。

研修室是供用户个人或团队学习、研讨的空间，是满足读者创造性学习需求的一种服务。在研修室的布置方面，既需要大的讨论桌、会议桌，提供给团队成员一起工作、讨论；也需要小的单人桌或三角桌，适合两三个人的工作小组，提供一个更具私密性的空间。还需要提供打印机、复印机、计算机、无线网络、扫描仪、投影仪和白板，以方便用户使用。

沧州图书馆专家研修室兼具文献查询、专家研讨等功能，内部空间宽敞明亮，是非常适宜学习研讨的私密空间。

4. 视听资料室

目前，视听设备和视听资料已成为多数大中型图书馆不可或缺的一部分。视听资料按照其性质，可以分为以下两种：

（1）听觉资料：包括录音光盘、唱片、电子音频资料等；

（2）视听觉资料：包括有声电影、电子视频资料等。

视听资料室一般要用到的设备有：电视、电脑、摄像机、幻灯机、立体声音箱、耳机等。

由于视听室的服务模式是通过直观的手段（听觉或视觉）通过图像和电声来表达的，这需要安静的环境，同时要保证其他阅览室不受影响，因此其位置应与一般阅读区域分开。视觉和听觉两种类型的房间之间也要有一定的间隔，以避免相互干扰。一般而言，100个座位以上的视听室可占据大厅走廊的一端，或建筑物某层的一个独立区域，方便管理。规模较大的视听室（如100座以上的电影厅）应独立设置，有单独的出入口，方便单独开放。

一般视听室由两部分组成：视听室和控制室。视听室使用的视听桌有单座和双座两种，桌上有电源开关和局部照明，方便读者记笔记。视听室的房间大小、地面坡度、座位布置以及设备的安装位置均受各种播放模式（如幻灯片投影，书写投影，电视、电影录制和广播等）对建筑设计要求的影响。由于视听室在相对封闭的条件下使用，因此应提供通风装置，并在条件允许时提供空调系统。为了确保使用效果，有必要控制室内噪声水平以满足标准要求，并控制混响时间以确保语言的清晰度。

图 5-17　沧州图书馆视听体验区

图 5-18　沧州图书馆非线编设备

图 5-19　沧州图书馆录音棚

图 5-20　沧州图书馆音乐欣赏厅

沧州图书馆的视听资料区统称为音乐图书馆，设有音乐欣赏区、视听体验区、演播厅、录音棚和非线性编辑室五大功能区。在音乐欣赏区配备了高保真的进口影音视听设备，可供读者欣赏各类影视音像资料，也可举办各类音乐沙龙活动，为音乐爱好者提供交流平台；视听体验区拥有古典音乐、流行音乐、民乐、戏曲等原版影音资料及音乐资源的数据库，并配置专业的耳机，让读者感受音乐的魅力，读者仅凭读者证就可以登录系统，欣赏音乐；演播厅、录音棚拥有目前国内一流的摄像录音设备，非线性编辑室配有 Apple 专业剪辑设备及软件。可以制作课件、宣传片等音频、视频资料。

宁夏图书馆"视听空间"面积约 280 平方米，该区域内有图书、期刊、视频、音频等服务内容，并精选了 1750 册装帧精美的音乐、艺术类经典书刊摆放在异型书架上，供读者阅览；音视频设备分四类，一是安装了 3 台库客云 CD，该设备存储了 2000 张在线经典专辑，读者可以将自己喜欢的音乐试听后扫描二维码下载到自己的设备上欣赏；二是安装了 15 台库客数字留声机，内容包含 5000 首古典音乐、中国民乐、轻音乐、电影音乐等备受大众喜欢的音乐作品、50 部影视作品以及 39 期库客独家出版的古典音乐电子杂志《阿利雅》。在黑胶唱盘的主题设计中，读者可以通过自主选择体验留声机中那份浓郁的古典气息，在舒适的沙发上进行欣赏；三是安装了 15 台雅马哈数字音乐 CD 机，读者可以欣赏该馆自购的多种古典、流行音乐 CD；四是影音观赏区，该区由一套索尼影音系统构成，可通过功放进行对外放音，也可通过耳机进行放音，影音观赏区购买了库客 350 部歌剧、舞蹈、音乐会、舞剧的影视资料，并建有影视高清视频数据库，可同时满足 8 人观看欣赏，该区还定期播放宁夏图书馆自建数字资源供广大读者了解宁夏地方特色文化。

图 5-21　宁夏图书馆视听空间

图 5-22　宁夏图书馆音乐沙龙

图 5-23　宁波图书馆天一音乐馆

宁波图书馆"天一音乐馆"，有HIFI欣赏、黑胶唱片收藏、音乐工作室、录音棚等功能区，提供音乐资源视听服务与管理，可进行音乐普及教育和欣赏活动、音乐录制创作及各类音乐讲座活动，通过定期举办各类音乐欣赏活动，提升市民音乐素养。

上海嘉定区图书馆视听室，内部空间色彩明丽而不失大气，家庭影院式布局，具备优质的音响效果，每周都会播放电影或进行音乐会赏析，让读者专享视听盛宴。

图 5-24　上海嘉定区图书馆视听室

5. 阅览室工作间

在阅览室设置工作间，通常有以下几种功用：阅览区业务处理和业务议事；新旧书籍临时存放；馆员更衣、休息及存放办公用品；计算机信息查询、传输及打印等。负责专题咨询和业务辅导的图书馆相关部室，应在靠近各自办公区的地方设置一个接待室，以方便接待来访者。

6. 特殊阅览空间的设置

特殊阅览室是指为特殊人士设计的阅读空间，例如儿童阅览室、老年阅览室和无障碍阅览室。未成年人活泼好动，有强烈的好奇心和丰富的想象力，阅览室应采用色彩丰富的涂料来粉刷墙壁，地面要防滑，桌椅转角处要安装防撞胶条，可使用宽大舒适的沙发将室内布置成一个小乐园。儿童阅览室的书架不应该太高，摆放的层数也不应该太多，以方便儿童自行拿取为宜。老年阅览室应安排舒适的座位，并配备老花镜、放大镜、助听器等老年人阅读常用设备。对于残障人士，需要做到"无障碍阅读"，包括在建筑内设计无障碍电梯、无障碍阅览室、一键呼叫系统等，同时还应配有盲道、轮椅通道、残障读者专用卫生间、视弱读者专用台灯等设施。

图5-25　沧州图书馆少儿阅览室低幼活动区

沧州图书馆低幼活动区面向0~6岁的小朋友开放，针对此年龄段的特点，室内设计充满童趣，有体现中国传统文化的成语故事墙，也有经典绘本故事中的卡通人物墙，流线型、问号型的书桌和灯池配以明快的装饰色彩提高了小朋友的阅读兴趣，防滑地板、防撞桌角等设计，保证了幼儿的安全。

（四）藏书区

藏书区包括基本书库藏书区、辅助书库藏书区、开架书库藏书区、储备书库藏书区、特藏书库藏书区、密集书库藏书区和保存本藏书区等。虽然图书开架已成为图书馆的主流，但基本的藏书区，仍然是大中型图书馆必不可少的。藏书空间与阅览空间既要分隔，又要方便联系，二者之间应设置专用通道便于运送图书。

图书馆书库的大小，取决于藏书的数量，又称书库的容书量。图书馆的书库，按照容书量，可分为以下不同的规模：

（1）小型书库：藏书量在 10 万册以内；

（2）中型书库：藏书量在 10~50 万册；

（3）大型书库：藏书量在 50~200 万册；

（4）特大型书库：藏书量在 200 万册以上。

图 5-26　沧州图书馆密集书库

书库规模的大小，对其设计要求差别很大。小型书库相对比较简单，可以设在普通层高的房间内，而中型以上的书库，对其平面布置、空间安排、结构形式、设备传送、图书防护及防护设备等都需要全面考虑，妥善安排。

我国的《图书馆建筑设计规范》对容书量做了明确规定（见表 5-1），以此作为确定书库面积的主要依据，容书量指标是根据图书馆的类型、藏书内容、书架构造、书架排列和填充系数等诸因素进行综合计算和统计而成。应注意，表中指定的单位面积是使用面积，不是建筑面积。因此用它来确定书库规模时，应考虑书库的建筑平面系数，然后确定书库的最终建筑面积。

表 5-1　藏书空间单位使用面积容书量设计计算指标（册／平方米）

藏书方式	公共图书馆	高等学校图书馆	少年儿童图书馆
开架藏书	180~240	160~210	350~500
闭架藏书	250~400	250~350	500~600
报纸合订本	110~130		

　　确定书库及藏书区域空间大小以及柱网的尺寸，应该基于书架在平面布局中的排列。书库布局应有利于通风、照明、图书搬运、上架、防火以及疏散等。在上述条件下，争取最大的藏书容量。

　　在室内和室外温差较大的区域，书库的围护结构应采取有效的措施保温和隔离潮湿。书库内要保证没有渗漏水的情况，书库周围要设置排水沟，并保证排水畅通无阻，雨水可以被引流，避免书库进水。同时还应避免供水管道通过书库地板下面，以防止管道泄漏造成进水隐患。

（五）馆员办公区

　　图书管理员的办公区域包括行政办公室和业务办公室，每个办公室必须确保自然通风和采光的基本需求，同时不占用服务读者的黄金区域，把最好的位置尽可能多地让给读者。业务办公空间应符合业务工作流程，并保持所有工作环节畅通无阻。业务办公室应充分预留计算机和通讯管线，以适应图书馆的未来发展。

图 5-27　沧州图书馆办公区入门处

　　现代图书馆除传统的图书借还功能外，情报信息服务和学术研究工作正在蓬勃发展中，研究人员的数量与日俱增，研究室必须单独予以考虑，每个研究人员使用的面积不应小于 6 平方米。

（六）公共活动区

图 5-28　济南图书馆自习区俯瞰

公共活动区是一个动态的空间，包括读者自习区、展览厅、报告厅、培训教室、书店、饮水处等。公共活动区是图书馆活动和交流的中心，要在空间设计上体现共享性，给人以悠闲和无拘无束的感受。在资源共享方面，这个区域已成为图书馆不可或缺的公共空间。人们去图书馆不再仅仅是为了获取知识，更多的是去体验和互动，大量的公共活动空间突破了墙体和书架的空间限制，成为人们互动和交流的场所[①]。

公共活动区域的功能设置应秉持方便读者的原则。比如读者培训教室的入口和出口，应与图书馆的主出入口分开设置，以确保隔音，并安装监控设施，进行安全管理；自习区域应保证桌椅数量充分，且配备电源插座，满足自带电脑学习的读者的需求；读者休闲区应该宽敞明亮，不同功能设置应分开。水吧的设计应结合文化和休闲的元素，营造舒适惬意的环境。

图书馆的报告厅主要用于阅读推广、咨询以及组织各种学术活动。由于人员集中，设备与线路多且复杂，安全系数相对较低，如果它位于建筑物内部，则应与阅读区域分开，且应符合安全疏散的要求。经验证明，300 座的演讲厅更适合学术报告，使用和管理灵活，由于建筑空间不大，很容易组织到建筑物中。如果座位超过 300 个，则应远离阅读区域，为了方便读者，可采用连廊相通。报告厅应设有独立的入口和出口以及专用的卫生间向公众开放。多个学术报告厅的（交通）流线应合理设计，互不干扰。报告厅周边还应设置宾客接待室及一个备用库房，以备所需。

图 5-29　汤湖图书馆报告厅

① 王曦.图书馆建筑空间的设计研究［D］.沈阳：沈阳理工大学，2013.

图 5-30　沧州图书馆报告厅

图 5-31　沧州图书馆多功能厅

（七）技术设备区

　　技术设备区包括机房、空调房、配电室等。这些区域会产生噪音和辐射。计算机房通常超过 100 平方米，包括主机房、监控室、UPS 配电室和计算机设备维修室，内置监控和报警设备，实现远程监控。作为公共文化场所，图书馆会使用大量电力用于照明、空调控温和设备运转，作为非营利性机构，降低建筑物的日常运行成本，减轻经济负担是设计时必须考虑的问题。

图 5-32　沧州图书馆机房

二、图书馆空间设计的基本原则

传统图书馆采用闭架的管理方式，而现代图书馆闭架与开架相结合的管理模式使藏书区域和阅览区域合并为一体，同时图书馆的功能也发生了变化，空间的灵活性相应增加，读者可以更直接更便捷地获得所需信息，接受相应的信息服务。图书馆借、阅、藏、管的四大传统功能，在不断的发展中产生了以下两个变化：

首先，借阅藏三者合一，并占据图书馆建筑的最主要部分。

公共图书馆发展至今，借、阅、藏之间的关系发生了巨大的变化。从近代的借、阅、藏分离到 20 世纪中期产生的藏阅一体的开架模式，使"藏"与"阅"融为一体，变化显著。随着 21 世纪数字技术的发展，计算机检索技术的使用以及自动借还机的普及，图书馆流通中的借还书功能已完全融入藏阅空间。至此借、阅、藏三合一，几乎没有明显的界限。

其次，非读者使用管理部分大大简化，其在图书馆设计中的地位逐渐削弱。

业务管理设施为图书馆的各种功能的正常运行提供保障，借助计算机可以大大简化传统的业务步骤。公共图书馆以读者的功能空间为主要考虑因素，因此非读者使用的管理部分逐渐被削弱，经常被置于用户无法到达的顶层或地下层，以便最大限度地提高读者的建筑使用率。那么，在此基础上，设计公共图书馆的功能空间时应遵循哪些原则呢？

（一）多功能性原则

图书馆是一个功能强大的建筑类型。随着社会的发展，图书馆的内涵不断变化，功能不断增多，扩展范围不断扩大。从单一的传统图书馆功能到综合的多功能，图书馆已发展成为文献知识中心、学术交流中心、教育培训中心、文化休闲场所。因此，图书馆应充分考虑空间设计的多功能性，不仅要为读者提供传统的静态阅读空间，还设置了各种社交活动空间，如多功能厅、阅读活动空间、读者交流空间、电影厅、咖啡厅、书店、文化创意产品展示空间等，这些元素共同构成了一个与其他社会和文化活动相兼容的现代图书馆。

（二）智能化原则

随着现代信息技术的迅速发展，越来越多的智能图书馆雨后春笋般涌现。图书馆的智能化是指利用现代通信手段，全面采用电子信息技术，自动监控图书馆建筑中的设备。一个现代化的图书馆，需要科学地管理图书馆内的信息资源，并提供高效和高质量的信息服务。

楼宇智能化：采用自动化系统可实现图书馆建筑中所有机电和能源设备的集中自动化和智能管理[①]。利用计算机控制技术，数据处理等，通过通信网络，实现智能建筑中机电、能源、消防、安全等设备之间的信息联动，实现集中高效的管理。

通信自动化：通过连接大厅中每层楼的信息通道和建筑物的数字通信网络在大厅中传输语音、数据和图像。同时，它与计算机、互联网、数据通信网络和卫星通信网络等外部通信网络相连，确保信息的畅通。

办公自动化：利用通信技术和多媒体技术等先进技术完成其他办公目标，如收集文件的管理和服务。

布线综合化：智能图书馆的一个重要特征是布线的集成，其应用是确保计算机网络和通信系统正常运行的基础。布线集成是其他自动化布线系统的组合，统一楼宇自动化、火警和消防联动系统、卡系统、电子会议系统，统一智能布线和控制多个智能系统，如安全监控系统和办公自动化系统。它能有效地提高图书馆信息服务、运营管理和安全保护的自动化程度。

（三）文化艺术性原则

作为文化建筑，图书馆更加关注读者未来发展的精神需求。它不仅要满足人们对图书馆固有功能的需求，还要给人们带来艺术影响和感官享受。图书馆馆舍的环境设计与一些绘画、雕塑和绿色植物相得益彰，装饰风格要温馨、简洁、典雅、大方，颜色要以明亮的暖色为主，造型要适应书报刊阅读和不同年龄段读者的阅读需求，板材和做工要质量好、经久耐用。室内各种软装饰要体现文化艺术性，注重细节安排，营造明亮、静谧、高品位、高档次的知识阅读、信息传递导航、读者思想交流、文化艺术休闲、社会教育与兴趣培养的公共文化空间。

（四）开放化原则

优秀的图书馆外部环境设计和室内空间设计力求体现开放的理念。开放的外部环境可以给人一种平易近人的感觉，景观式休闲广场和封闭式墙体的设计可以

---

① 黄凯悦.我国智慧图书馆的构建研究［D］.武汉：华中师范大学，2015.

使图书馆与读者之间的心理距离更近；图书馆内部空间的开放式设计呼应了以人为本的现代管理理念，注重实用的灵活性、便利性和效率。合理重组图书馆的各个区域，打破传统图书馆区域的严格分布，确保图书馆的多样性和适用性。

（五）舒适性原则

现代图书馆的设计越来越注重舒适性。每层都有休息区，一些空间被规划为培训室和讨论室，并且这些地方的桌椅保留了网络电源接口。为了避免引起读者的心理压力和疲劳，设计的整体色调应该反映舒适性和稳定性，并且使用让人感到舒服的色彩。为了使整体环境和谐，图书馆的桌椅、书架、门窗、灯具等设施应在质地和颜色方面与图书馆的整体设计氛围相呼应。

（六）生态性原则

随着建筑界越来越多地呼吁环境保护，绿色、生态、环保的设计理念被广泛应用于图书馆设计。在环保图书馆的规划、设计和建设中，我们注重绿化设施的建设，更加注重节能环保。绿化带可起到隔音、降温和净化空气的作用。根据室外光线变化控制室内光线的有效节能手段，已成为图书馆建筑设计的广泛共识[①]。

（七）可持续发展原则

图书馆建筑的设计和建设不仅要满足当前读者的需求，还要考虑未来可能的需求。由于图书馆通常位于城市的中心区域，建筑本身就是城市规划的一部分。因此，我们不能简单地认为目前的功能设计已足够。

图书馆的设计应该考虑当前和长远的关系，还要考虑城市规划和城市发展。其次，图书馆的设计不仅要考虑一次性建设投资的成本，还要考虑项目完成后的管理成本和运维成本。因此，在建立图书馆时，我们应该有前瞻性的愿景。

（八）安全性原则

安全性是图书馆设计中需要考虑的重要问题。图书馆是一座公共建筑，要考虑到读者和工作人员可以在紧急情况下迅速撤离。在动线的设计中，布局要透明，设计要有利于防火和安全疏散。此外，为了全面监控图书馆的安全，确保不会出现疏散人员的危险，图书馆应具备完整的自动装置、消防系统、报警装置、总监

---

① 王曦.图书馆建筑空间的设计研究［D］.沈阳：沈阳理工大学，2013.

控室等，并安排专人负责，随时发现险情，采取及时必要的措施确保安全。

三、图书馆功能空间的当代特征

传统的公共图书馆建筑更注重创造一个纯粹而庄严的阅读和学习场所。随着社会经济的发展，文化领域开始为更好地适应市场需求作出改变，并为吸引读者入馆而做出努力。在当今社会，文化已经从崇高的姿态中走出来，进入普通大众的日常生活。大众群体已经超越了精英文化，成为社会文化的主力军和图书馆的目标用户。大众群体的需求有以下特征：

（一）行为需求的复杂化

1. 使用目的消遣化

当代公共图书馆向公众开放，根据使用图书馆的目的可以归纳为两大类：一种是学习型用户，阅读文献或自学，以获得系统的专业知识或针对工作中的特定问题制定解决方案；一类是享受型用户，浏览报纸和杂志，阅读休闲书籍，浏览互联网信息，参与文化活动以获得文化艺术的熏陶，丰富自己的业余文化生活。

不同类型的使用者对公共图书馆有不同的需求。总的来说当代研究型图书馆和大学图书馆仍然主要面向学习型用户。然而，对于当代公共图书馆而言，具有休闲特色的流行文化已成为当代公共图书馆的主流文化形式。目前，第二类享受型用户在当代公共图书馆中显著增加，甚至占多数，他们主要利用休息和假期时间利用图书馆。

2. 行为需求复杂化

当代公共图书馆的公众行为比过去纯粹的图书馆行为更复杂，增加了大量的非图书馆行为需求。可将其细分为以下三种：

（1）阅读行为。图书馆会出现一系列与阅读相关的行为，如看书、看报、思考或休息。图书馆有一种静谧的阅读氛围，用户常常喜欢享受在图书馆独自阅读的乐趣。由于有些读者阅读累了还会小憩一会儿，一些图书馆还提供了供读者休憩的场所。

杭州图书馆西文阅览室通过工艺美术品的陈设和装修风格的细节变化，突出地域特色，强调图书馆特有的文化氛围；采用三重式灯光设计和壁炉、沙发式的布局营造出图书馆温馨、私密的家居式阅读感受。温暖的色调、居家的布局、细节的设计,完全颠覆了图书馆"严肃""刻板"的环境印象,取而代之的是层次丰富、令人轻松的自由空间和能够让人释放压力、获得愉快的环境体验。

图 5-33　日本武藏野美术大学图书馆　　　　图 5-34　杭州图书馆西文阅览室

（2）学习行为。学习行为是一种比阅读行为更严肃的行为模式,更加强调主动意识。与其他社交场所不同,图书馆是人们可以立即进入学习状态的地方。然而,在当代公共图书馆中,学习行为的比例日趋缩小,大众消遣行为的比例增大。

（3）非图书馆行为。非图书馆行为是当代公共图书馆行为中占有比例较大的部分,包括日常休闲行为、社交行为、工作、参与文化活动、再教育、餐饮行为、信息咨询行为等。这些日常行为在大众生活中更为常见,因此当代图书馆需要满足的大众附加行为需求日益多样化。

图 5-35　汤湖图书馆读者休闲区　　　　图 5-36　沧州图书馆读者餐厅

（二）功能空间的复合化

"复合"在字典中被解释为"聚合、组合、合成"。为了满足用户使用的多元行为需求和日益消遣化的使用目的,当代公共图书馆的功能将是全面、包容和复杂的,它将成为一个大众阅读,并汇集多种文化活动的综合体。

功能复合性主要体现在衍生功能的增加，包括餐饮、展示、休闲、再教育、文化功能的增加。餐饮功能为图书馆用户提供食物保障，确保用户实现长时间逗留；教育功能体现在培训教室和讨论室的增加；展示功能用于满足用户举办大型或小型展览的需求；文化功能包括读书俱乐部、文化表演、讲座等，为用户的多元文化需求提供空间；休闲功能是人们日常生活的延伸，图书馆可以是城市的起居室，提供休息座位、咖啡茶室、书店以及其他供人们四处游走的场所[①]。

图 5-37　沧州图书馆休闲水吧

公共图书馆的多功能复合化使其具有日益综合的文化服务功能、教育功能和休闲服务功能，赢得了公众的青睐，已成为一种主要的发展趋势。

（三）领域关系的模糊化

在许多情况下，传统公共图书馆中的空间划分比较清晰明确，有明显的界定范围，当代公共图书馆的空间内容更加重叠与融合，因此，功能边界呈现出模糊和不确定的特征。

例如，在公共图书馆的公共空间中，展览功能和阅读功能的交叉，阅读空间中的纸质阅读、电子阅读和报刊阅读等各种媒介平台阅览功能的交叉，或者书店、

---

① 杜晗. 当代公共图书馆功能空间的构建与组织研究——以苏州第二图书馆建筑设计为例［D］. 南京：东南大学，2016.

咖啡吧等商业功能与社交功能相互交叉。

当代公共图书馆的功能空间日趋复杂化，导致了这些领域的交融和模糊。大多数功能在内容上是相互关联的，这不仅满足了用户多变的心理和多样化的行为需求，而且提供了一种相对灵活、高效、功能优化的解决方案。

第二节　图书馆空间基本界面设计

图书馆的界面设计可以起到空间界定的作用。界面的装饰设计是影响空间造型和风格特点的重要因素，一定要结合空间特点，从环境整体要求出发，创造美观耐看、气氛宜人、富有特色的内部环境。每个界面的属性主要包括大小、形状、颜色、质感等，界面的属性以及它们之间的关系，最终将决定这些界面的形式的视觉特征，以及它们所包围的空间质量[1]。

一、顶面设计

图 5-38　天津滨海新区图书馆顶面

---

[1] 黄白 . 高校图书馆的适宜性空间环境设计研究［D］. 南昌：南昌大学，2007.

顶面与读者距离较远，没有实际接触，基本属于图书馆阅读空间中纯视觉的部分。对于顶面界面的建筑设计，主要涉及以下方面。

（一）区域划分

顶部表面可以限定其自身与地面之间的空间范围，因为这个范围的外边缘由顶面的外边缘限定，因此，空间的形式由顶面的形状和尺寸以及地面以上的高度决定[①]。对于阅读空间而言，对于顶面的划分，首先应该保证统一化。

如果阅读空间的顶面设计完全相同，那么是很乏味的。小型阅览室是打破单调的合适场所。另一种方法是在同一顶高的情况下分层处理不同的顶部形状。

（二）顶面与结构面的关系处理

1.考虑空调等设备的遮蔽

在这种情况下，顶面形式首先要满足管道铺设的技术要求，并且天花板与结构面之间的关系大多处于"分离"状态，以满足空调管道的空间要求[②]。

2.无空调等管线的敷设

在这种情况下，天花板设计的自由度非常大，设计师可以充分发挥他的想象力。这里要特别说明的是，无顶面的顶面设计，主要取决于结构形式和灯具布置，当然还有表面材料和颜色的选择。同时，结合垂直表面（如墙和柱）的细节处理也是顶面设计的重点。

（三）顶面灯具的布置

事实上，顶面灯具的布局问题主要涉及图书馆照明设计，这是一个非常复杂的问题，灯具的布置是天花板设计的重要部分[③]。过去，为了在每个顶面表面提供足够的亮度，一般使用白炽灯和荧光灯作为直接照明工具。然而，近年来，随着能耗已成为照明设计的主要考虑因素，照明原理逐渐从强调直接照明转向工作照明。这在本书第四讲第二节有专门论述，不再赘述。

---

① 黄白.高校图书馆的适宜性空间环境设计研究［D］.南昌：南昌大学，2007.
② 黄白.高校图书馆的适宜性空间环境设计研究［D］.南昌：南昌大学，2007.
③ 宋宇辉.高校图书馆阅览空间设计研究［D］.天津：天津大学，2006.

二、墙面、柱面设计

墙面是视觉上限定空间和围合空间的最积极要素。除了垂直面的元素之外，作为特殊的"面"，空间的柱也是一个要素。上述两个要素，除了围护和支撑作用以外，对于阅读空间的设计，其主要的作用是分隔和划分空间，不同形式的墙面和柱对空间的形成，有着不同影响[1]。

（一）垂直的面

一个垂直面的高度，与视觉平面的高度有关，它影响到面从视觉上表现空间和维护空间的能力。在60厘米左右的高度时，面可以限定一个领域的边缘，但对这个领域只是提供了很小的、不易察觉的围护感。当面达到齐腰高度时，就开始产生一种维护感，此时，还容许视觉与周围空间具有视觉上的连续性。当趋于视线高度时，就开始将一个空间同另一个空间分隔开来，面就打断了两个领域之间的视觉和空间的连续性，并且提供了一种强烈的维护感[2]。

除了高度之外，面的材料特性对空间的表达也是很关键的，从视觉上讲，主要有透明材料和非透明材料两种类型。非透明材料强调单个空间，透明材料表达两个或更多的空间的连接。

（二）特殊形式的垂直面

作为特殊形式的面，书架和柱的组合是阅读空间中最有潜力的因素，这一点是图书馆现代模式与传统模式在空间围合上最明显的不同。现代模式下，除了消防楼梯间、电梯间、卫生间、设备管道井等固定墙体外，阅读空间中的墙体是极少的，因此垂直面主要是柱与书架，它们之间的不同组合可以产生丰富多彩、各具功能的空间和不同形式的面[3]。

（三）图书馆常见墙面装饰材料

1.石材类墙面

用于内部装饰墙面的石材有天然石材和人造石材两大类，前者指开采后加工

① 黄白.高校图书馆的适宜性空间环境设计研究［D］.南昌：南昌大学，2007.

② 董青.城市边缘空间研究——西安古城边缘空间与人的行为关系分析［D］.西安：长安大学，2007.

③ 黄白.高校图书馆的适宜性空间环境设计研究［D］.南昌：南昌大学，2007.

成的块石与板材，后者是以天然石渣为骨料制成的板材。许多图书馆的门厅采用人造大理石和人造花岗岩作为墙面装饰，花色和性能可达到甚至优于天然石，体现出华丽庄重的装饰特点。瓷砖类墙面也是一个不错的选择，抛光较好的瓷砖能起到扩大视觉空间、提升空间亮度的效果，且瓷砖造价相对较低、耐酸耐碱、易于清洗，目前也被广泛地应用于图书馆墙面装饰中。

2. 裱糊类墙面

裱糊墙纸图案繁多，色泽丰富，通过印花、压花、发泡等工艺可产生很好的视觉效果，且具有价格低廉、易于施工等优点，但缺点也是显而易见的，比如易撕裂、不耐水、清洗困难等。

3. 板材类墙面

板材类墙面有石膏板、金属板、玻璃板、塑铝板、塑料板和有机玻璃板等，通常还可以作为隔断使用，具有可拆卸性，也能在一定程度上阻隔声音和视线。

4. 软包类墙面

以织物、皮革等材料为面层，下衬海绵等软质材料的墙面称为软包类墙面，这种材质质地柔软、吸声性能良好，常被用于会议室、幼儿活动室、电影厅等场所。

图 5-39　沧州图书馆贵宾接待室

沧州图书馆一楼贵宾接待室，采用了石材墙面与软包墙面相结合的方式，石材作为画框体现端庄大气，软包墙面配以地毯保证室内吸音效果良好，保证了空间的私密性。

三、地面设计

地面对空间界定的主要手段在于：标高的升降、基面色彩与质感。其中，基面的升高和下沉最突出地限定了空间。但是，在阅读空间中，上升和下沉的幅度不应太大，否则会大大降低布局的灵活性。因此，基面的颜色和质感成为定义空间区域的主要手段。

在空间界面的众多因素中，地面和触觉之间的关系可以说是最密切的。因此，阅读空间中使用的地面材料是地面设计的主要方面。从感知的角度出发，表层的材料分为硬质材料和软质材料，花岗石和水磨石是硬质材料中最常用的[①]。一般来说，出于经济方面的考虑，花岗石地面主要用于小范围地区，如入口大厅，而水磨石地板主要用于大范围地区。硬质地面还有其他三种形式：瓷砖地板、硬木地板、防静电地板。在地面铺设瓷砖具有耐磨、易打理的优点，但隔音效果稍差；硬木地板和防静电地板主要用于特殊阅读空间，如视听空间、古籍室、研修室等。地毯对于阅读空间是非常舒适的，优点是大大降低了噪声，为阅读空间创造了安静的环境，缺点在于耐久性差和清洁麻烦。

图 5-40　沧州图书馆一楼大理石地面

图 5-41　沧州图书馆电影厅地毯

① 宋宇辉.高校图书馆阅览空间设计研究［D］.天津：天津大学，2006.

四、门窗设计

门窗是建筑物的重要组成部分，也是主要的维护部件之一。窗户的主要功能是照明、通风围护和隔离空间，以及特殊情况下的交通和疏散；门的主要功能是内部和外部连接（交通和疏散）、围护和分隔空间、建筑立面的装饰和造型，以及采光和通风[①]。

（一）门的选用

作为公共建筑，图书馆门的选用应注意以下几点：

（1）公共建筑经常进出的向西或向北的门应配备双道门或门斗，以避免受到寒风的影响。外侧门一般向外打开，内侧门宜选用双面弹簧门或电动推拉门。

（2）读者经常进出的门，门扇的净高度不小于 220 厘米。

（3）儿童区域的门，不应使用弹簧门，以免压伤手。

（4）所有门必须符合静音要求，不得设置门槛。

（5）打开时，应防止两个相邻且频繁打开的门相互碰撞。

（6）应为经常出入的外门提供防雨罩。

（二）门的分类

1. 按所使用材料分

（1）木门：它用途广泛，重量轻，制作简单，保温隔热性好，耐腐蚀性差，常用于房屋内门。

（2）钢门：它由型钢和钢板焊接而成，具有强度高、不易变形等优点，但耐腐蚀性差，多用于防盗门。

（3）铝合金门：采用铝合金型材作为门框及门扇边框，一般用玻璃作为门板，也可用铝板作为门板。它具有美观、光洁、无须油漆等优点，但价格较高，一般在门洞口较大时使用[②]。

（4）玻璃钢门、无框玻璃门：多用于公共建筑的出入口，美观大方，但成本较高，为安全起见，门扇外一般还要设如卷帘门等安全门。

---

① 门与窗［EB/OL］（2016–01–18）. http：//shequ.docin.com/p–587312050.html.

② 门与窗［EB/OL］（2013–12–30）. http：//shequ.docin.com/p–587312050.html.

2. 按开启方式分

（1）平开门：分为内开和外开及单扇和双扇。其构造简单，开启灵活，密封性能好，制作和安装较方便，但开启时占用空间较大。

（2）弹簧门：多用于公共建筑人流多的出入口。开启后可自动关闭，密封性能差。

（3）推拉门：分单扇和双扇，能左右推拉且不占空间，但密封性能较差，可手动和自动。

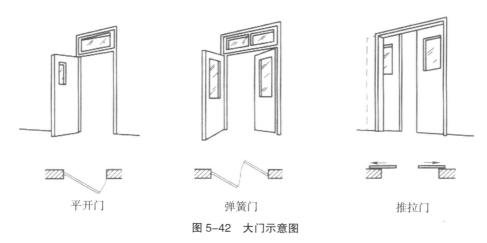

平开门　　　　　　　弹簧门　　　　　　　推拉门

图 5-42　大门示意图

（三）窗的分类

1. 按所使用材料分

（1）木窗：用松木、杉木制作而成。具有制作简单，经济，密封性能、保温性能好等优点，但相对透光面积小，防火性能差，耗用木材，耐久性低，易变形，易损坏等，现在图书馆建筑已基本上不再采用。

（2）铝合金窗：由铝合金型材用拼接件装配而成。其成本较高，但具有轻质量、高强度、美观耐久、耐腐蚀、刚度大、不易变形、开启方便等优点，目前应用较多。

（3）塑钢窗：由塑钢型材装配而成。其成本较高，但密闭性好，保温、隔热、隔声，表面光洁，便于开启。该窗与铝合金窗同样是目前应用较多的窗。

2. 按开启方式分

（1）固定窗：固定窗无须窗扇，玻璃直接镶嵌于窗框上，不能开启，不能通风。其通常用于采光、观察和围护所用。

（2）平开窗：平开窗有内开和外开两种，其构造比较简单，制作、安装、维修、开启都比较方便，通风面积比较大。

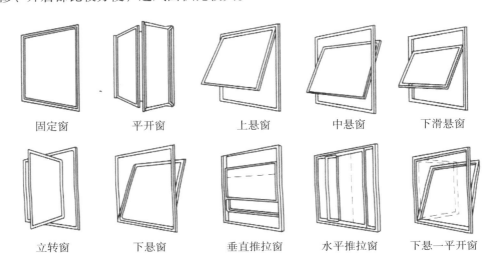

|固定窗|平开窗|上悬窗|中悬窗|下滑悬窗|
|立转窗|下悬窗|垂直推拉窗|水平推拉窗|下悬—平开窗|

图 5-43　窗示意图

（3）悬窗：它根据水平旋转轴的位置不同分为上悬窗、中悬窗和下悬窗三种。为了避免雨水进入室内，上悬窗必须向外开启；中悬窗上半部向内开、下半部向外开，此种窗有利于通风，开启方便，多用于高窗和门梁子；下悬窗一般内开，不防雨，不能用于外窗。

（4）推拉窗：窗扇沿着导轨槽可以左右推拉，也可以上下推拉，这种窗不占用空间，但通风面积较小。

（四）窗的布置

图书馆阅览区域要求采光充足，但又不宜过强，且要均匀，不产生光影和暗角，窗地比以不小于 1/5 为宜。从相关调查中得知各地新建图书馆阅览区的采光不是不够，而是开窗过多、过大，造成光线过强[1]。特别是在夏天，为了使光线柔和一些，还需要设置窗帘，或采用可调式百叶遮光窗帘，减少光照对书籍、家具的损害，保护读者的视力。如果在建筑上设置遮阳板则要讲求实效，还要注重观瞻。

---

① 吴力武. 节能环保与图书馆生态建设研究［J］. 图书馆界，2008（2）：17-20.

窗的布置还应注意以下几点：

（1）楼梯间外窗应考虑各层圈梁走向，避免冲突。

（2）楼梯间外窗做内开扇时，开启后不得在人的高度内突出墙面。

（3）窗台高度由工作面需要而定，一般不宜低于工作面（90厘米）。如窗台过高或上部开启时，应考虑开启方便，必要时加设开启设施。

（4）需做暖气片时，窗台板下净高、净宽需满足暖气片及阀门操作的空间需要。

（5）窗台高度低于80厘米时，需有防护措施。窗外有阳台或大平台的除外。

第三节　图书馆内部空间设计对阅读推广的作用

当今，图书馆对文化推广和阅读推广负有更大的责任，更需要用人文传承和技术创新的精神重塑空间。从阅读推广的视角来设计图书馆空间，可以将图书馆打造成为生机勃勃的文化机构，其中包含了建筑空间布局及局部细节的艺术感、人文精神及人文情怀。

首先，图书馆建筑设计需要体现文化底蕴。当图书馆建筑空间本身成为一种文化标识时，它自然会吸引读者欣赏建筑空间中的文化艺术之美，进而阅读图书及使用图书馆的其他服务[1]。建筑师 Moshsavdi 设计的加拿大温哥华图书馆，其灵感来自历史建筑罗马角斗场。建筑师设计了一系列不同的中庭空间，特别是图书馆的入口被设计成一个六层高的"城市房屋"，顶层由一个玻璃天窗覆盖，唤起并表达了公众对自己文化来源的怀念。

其次，图书馆的区域空间设置需要体现文化层面的全面灵活的现代美学概念，同时又能体现对阅读和文化推广的支持。例如香港城市大学图书馆的空间设计专注于对技术、学习空间和交互学习的支持；中央庭院为用户提供了一个聚集和交互的开放空间；多功能大厅灵活地做室内展览、举行活动及其他功能之用；形如

---

[1] 陈幼华，杨莉，谢蓉.阅读推广视角的图书馆空间设计研究［J］.图书馆杂志，2015（12）：38–43.

鸡蛋的迷你剧院是欣赏音乐和电影的灵感空间。重庆大学理工图书馆也是一个将科技与人文融合来重塑图书馆空间的成功典范。该馆总体为民国风建筑，将整体空间规划为四种类型：安静学习空间、会议空间、休闲生活空间（含户外花园、影视厅、音乐图书馆等）和文化展览体验空间（展览区域、文库、珍藏室、新技术体验等）。其中的主题阅览室博雅书院藏有经典人文、专业书籍约1万册，经常开展多种经典阅读推广活动；文库及传统文化体验区域布置得古色古香，具有很强的传统文化体验感。

最后，利用人文景观和多样化的装饰，营造浓厚的文化氛围。和谐地利用历史人文景观、雕像、浮雕和绘画可以极大地增强图书馆的历史文化底蕴。北京大学图书馆在阳光大厅南墙设置了名为"芸台霞蔚"的砖雕壁画，展现了北大百年书城的发展历程；南门厅东墙嵌有九位名人铸铜浮雕，激励后学见贤思齐；设于北庭院的石刻《勺园修褉图》则使读者感受几百年前北京大学校园所在地的历史风貌、山水韵致和人文底蕴[①]。

此外，舒适的沙发、设计灵动的阅读桌椅、个性化的台灯等都具有增强空间阅读氛围的效果。总之，设计科学合理且富于美感的图书馆空间以支持阅读推广、文化创新，是大势所趋，也是形势必然。

---

① 曹涵棻,张红.赋予更新改造的旧建筑以新的生命——北京大学图书馆旧馆改造［J］.建筑学报，2007（6）：68-71.

第六讲

图书馆室内软装设计与阅读推广

第一节　图书馆室内软装设计的概念和作用

一、图书馆室内软装设计的基本概念

软装饰是相对于硬装修而言的，所谓软装饰，是指室内基本装修完毕后，使用实用或装饰物品，如室内纺织品、家具、艺术品、灯具、花卉和植物，对室内空间进行二次装饰，以补充内部功能、渲染氛围和体现主题[①]。

与硬装修相比，软装饰体现了室内设计的装饰性和功能性，补充和完善了硬装修，使其更完整，避免室内设计过度冷清和单调。

近年来，图书馆作为城市的文化地标，室内设计日渐呈现出多元化的发展趋势，不仅将传统文化与现代文化融为一体，还将东方文化与西方文化融为一体，打破了文化与风格的界限，整体水平提升到一个新的层次。室内设计能以这种方式发展，与软装饰密不可分，正是由于软装饰自身的动态性、审美性和功能性等特点，室内设计风格才得以变得多元化。

---

① 朱毅，闫爽 . 软装饰在室内空间中的美学价值［J］. 设计艺术研究，2014（6）：13–18.

二、图书馆室内软装设计的作用

（一）点缀空间

室内软装设计的基本作用是点缀空间。没有软装饰物的点缀，室内空间就会空洞乏味。在图书馆室内设计中，通过附着在吊顶、墙面、地面之上的软装饰设计以及家具、艺术品、灯具、花艺、植物等软装饰设计，能使苍白单调的空间更充实、更完美，达到审美性与功能性的统一。

沧州图书馆千童城市书吧一楼通往二楼的楼梯拐角处，一款欧式的吊灯垂下来，照明的同时，为冷峻的地中海装饰风格增添了一缕暖色调。

图 6-1　沧州图书馆千童城市书吧一角

（二）烘托室内气氛、营造环境意境

气氛是整个内部空间环境的总体印象，如轻松友好的气氛、凝重庄严的气氛、优雅清新的文化艺术氛围等。而意境是内部环境体现的某种思想和主题，与气氛相比，意境不仅能被人们感受，而且还能引人联想，给人启迪[①]。作为公共建筑，图书馆的软装设计就是要通过家具、艺术品、灯饰、绿植的风格搭配，营造温馨

---

① 孙小花.室内陈设在现代室内设计中的地位和作用［J］.天津建设科技，2006（1）：87–88.

舒适的阅读氛围，给读者带来文化熏陶和精神慰藉，同时使空间更加完美，具有整体感。

图 6-2 沧州图书馆 24 小时阅读空间一角

沧州图书馆 24 小时阅读空间，采用杏黄色调的家具，配以带靠背的软椅，营造出温馨舒适的阅读环境，是以软装设计烘托氛围的优秀案例。

（三）强化室内环境风格

室内空间有多种风格，如古典风格、现代风格，中式风格、欧式风格等。通过室内陈设品不同的形状、色彩、式样、材质及摆设，可强化室内空间的风格，如中式风格的室内空间，陈设布置以对称为主，家具材质以木材居多，墙上装饰画大多为国画和书法作品，整体古朴典雅。通常情况下，古典风格装潢华丽，家具式样复杂、材质高档、做工精美；现代风格则强调简洁、明快、清新、雅致 ①。

---

① 居住空间设计 2——室内设计要素［EB/OL］（2018–11–25）.https：//max.book118.com/html/ 2017/ 0322/96383353.shtm.

图6-3　沧州图书馆纪晓岚专题文献馆展览陈列区

　　沧州图书馆纪晓岚专题文献馆就是典型的中式风格，馆内装饰有精美的古典木质长廊，极具文化气息。展览陈列区分年代展示了纪晓岚的生平和文学成就，玻璃展柜中陈列了《四库全书》清版本复制品和纪晓岚的笔记仿品。典藏阅览查询区配置了榆木仿古防虫古籍书柜、榆木仿古条桌和圈椅，与整体风格浑然一体。

（四）组织、柔化室内空间

　　室内陈设可以划分和组织空间，使空间之间功能明确。由墙面、地面、顶面围合的空间称为一次空间，在一次空间内划分出的可变空间为二次空间。在室内设计中利用家具、地毯、绿化、水体等陈设创造出的二次空间不仅使空间的使用功能更趋合理，更能为人所用，而且使室内空间更富层次感[①]。例如我们在设计大阅览室时，不仅要从实际情况出发，合理安排家具的位置，还要合理地分隔组织空间，从而适应不同的用途。

---

① 王苏弦．室内陈设在环境艺术设计中的运用［J］.城市建设理论研究（电子版），2012（12）.

图 6-4　沧州图书馆沧州作家专题文献馆一角

沧州图书馆沧州作家专题文献馆，圆形书架包围着杏黄色的大圆桌，可供读者阅览或举办小型研讨会。书架外侧是古代沧州作家与作品展示，把一个整体的大空间分割为多个小空间，在丰富空间内容的同时也更具层次感，给人以美的享受。

第二节　图书馆家具设计与艺术品陈设

一、图书馆家具设计

（一）家具的设计原则

图书馆的家具应根据不同类型的阅览室和不同的用户进行设计，并应与阅读空间的设计相适应。为了使图书馆的有效区域使用紧凑合理，还应与阅读空间的室内环境相协调。

图书馆作为公共场所，家具的形式和大小首先要适用、舒适、尺度宜人，其次还要经济、美观且易于清扫。那些古式雕花和多格条笨重的阅览椅，价格昂贵，不利于清洁，不利于搬移，除特殊需要外，大多已被淘汰而采用结构简单、方便搬移、易于打扫的家具。

为了满足阅读空间的灵活性，最好使用多功能家具来适应空间的变化。比如阅览桌，应能灵活组合成多种形式，以适应不同用途，可作单面阅览桌、双面阅览桌、课桌、报告厅用桌、组合会议桌、展览桌等，具有很大的灵活性，有多种功能和布置的可能性。

在新建和扩建的图书馆中，阅读空间中的家具应该是完整的，具有统一的形式和风格，因此家具最好成套设计，不宜东拼西凑、参差不齐、颜色各异。

由于技术的进步、材料的更新，图书馆家具的材料已由传统的木制转向多种新型材料：钢质、钢木、钢塑、层板等，新型材料家具因具有美观、轻便、方便移运和便于修理拆换等优点而被广泛采用。

阅览的家具主要有阅览桌椅、各种研究桌以及各种陈列不同书目、刊物的陈列架柜等。它们的大小规格都要与读者活动时的尺度相适应。阅览桌椅的大小、高低都要适应读者坐式阅读、书写的要求。一般成年人阅览桌椅的尺寸参见表6-1。但在期刊阅览室、儿童阅览室等，也采用方形、多边形、圆形以及组合式的阅览桌，它们使阅览室的布置更加自由活泼，参见表6-2。

表6-1　成年人阅览桌椅尺寸（单位：毫米）

形式	座数	长度	宽度	高度
单面	单座	900~1200	60~800	780~800
	双座	1400~1800	600~800	780~800
	3座	2100~2700	1000~1400	780~800
双面	4座	1400~1800	1000~1400	780~800
	6座	2100~2700	1000~1400	780~800
方桌	4座	1100	1000	780~800

表 6-2　儿童阅览桌椅尺寸（单位：毫米）

形式	座数	长度	宽度
单面	2 座	1000~1100	450~500
	3 座	1500~1700	450~500
双面	4 座	1000~1100	800~1000
	6 座	1500~1700	800~1000
4~5 人圆桌		圆桌面的直径 800~1000	

（二）阅览桌椅设计

阅读桌一般分为单面桌和双面桌。单面桌读者座位方向一致，读者间相互干扰较少，能够确保光线从左侧进入，但是它占用的面积相对较大，一般每个单面阅览桌可坐 2~4 或 3~6 人，同等大小的双面阅览桌则可坐 6~10 人。双面桌可以根据需要设置挡板，以减少读者间彼此干扰，还可在桌面上安装照明灯具[①]。

图 6-5　沧州图书馆少儿阅览区桌椅

椅子的设计应符合使用要求，要从人体工效学角度考虑，让读者感到舒服，久坐不疲惫。现代图书馆也布置一些沙发、休闲椅等，以增加读者阅读的舒适性，

---

① 王鑫.高校图书馆建筑的舒适性研究［D］.南京：东南大学，2016.

使阅览空间成为读者爱去的地方。

儿童阅览室及其家具的设计，要以儿童身高及身体各部位尺度作为主要依据。儿童阅览室内桌椅等各种家具的尺寸，阅览室的大小及室内布置，门窗、楼梯、踏步、栏杆等部位的设计，都要适应儿童的特点。

少儿读者一般以小学生、初中生为主要对象。此外，儿童阅览桌椅要满足儿童生理的发展和卫生的要求，并且要坚固耐用，就座舒适，易于清洁，便于灵活布置。儿童阅览室可适当采用一些非标设备和精巧的家具，使用明亮协调的室内装饰色彩，以引起儿童的兴趣，也有利于各种活动。

图书馆书桌是图书馆家具的一部分，书桌的配置要与图书馆的设计理念、装修风格相统一，按材质分有以下几种：

1. 实木书桌

无论是办公还是家用，厚实质朴的木质家具一直占据着不可替代的位置，比起人造板材或其他材料，实木书桌制造时采用纯天然木材，胶水少，更健康环保，木材触感坚实，温润舒适，冬季温暖，夏季清凉，此外，实木家具的使用寿命长达 15~20 年。缺点是不易打理，容易被划刻留下痕迹，且价格贵，不易搬动。

2. 钢木材质书桌

钢木材质是钢铁和木材搭配的材质，它结合了钢的坚固高强度和木材的舒适性。许多钢木书桌都是多功能的，桌腿是可伸缩的。如果是儿童书桌，可以随着孩子长大提高书桌的高度。在表达形式上，钢木桌不仅可以体现钢材的现代工艺美，还可以体现木材的朴实大方，但其价格会比普通实木书桌贵。

3. 玻璃材质书桌

玻璃材质的书桌是小空间阅览室的理想选择，它最大的特点就是透明、采光好。大部分的玻璃书桌，采用的都是钢化玻璃，其硬度高、强度大、耐使用，且一般都与钢铁、木材混合使用，可以打造出通透时尚的效果。但是玻璃材质的书桌不适合儿童使用，它不仅会分散儿童的注意力，且儿童天生活跃，锋利的玻璃桌角容易发生磕碰。

4.PVC 材质书桌

PVC 是一种塑料材料，具有重量轻、隔热、保温、防潮、施工简单等特点。由 PVC 材料制成的书桌具有现代工艺美感，时尚轻盈，具有良好的耐腐蚀性和可塑性。

（三）书架设计

书架是藏书的主要载体，一般由支柱与隔板或书斗组成，隔板或书斗与支柱的连结有固定式和活动式两种。前者构造简单、牢固，后者可根据图书馆规模进行调整，使用方便。

书架可分为以下几种：

1. 钢书架

钢书架坚固耐用，构造灵便，节省空间，美观整洁，利于防蛀，很多新建图书馆都选用它。

2. 木书架

木质书架轻巧、方便、美观，但木材用量大，耐久性差，不利于防火、防蛀、防腐。但是由于木书架搬运方便，所以一些开架期刊架、展出式书架仍多采用木书架或钢木混合书架。

3. 特藏书架

图书馆特藏通常是指除一般图书、杂志、报纸以外的其他收藏资料，如古籍、缩微读物、字画卷轴、地图、相片、光盘、录音磁带、珍贵地图和拓片等。这些特藏品有两种收藏方法：一种是在普通书架的基础上，针对各种特藏品的特点，做特殊的搁板或书斗进行收藏；另一种就是做一些特殊的书架、书柜，比如用樟木书柜保存珍贵古籍，以达到防尘防蛀的效果，更好地保护特藏品。

4. 密集书架

在通常的图书馆书库中，可用于存放书籍的有效面积不到 30%，超过 70%的面积都被通道占用。为了增加有效面积的比例，压缩交通区域，许多图书馆在陈列中使用密集书架。密集书架是将一些特制的书架紧密地排列在一起，不再是一排书架一条通道。当需要在中间架子上提取书籍时，就使用手动或电动装置将书架拉开，拿完书籍后回复到原来的位置[①]。

二、图书馆家具的布置

图书馆家具布置有使用功能和空间行为多方面要求。由于部分要求已经在前面论及，这里仅阐述一般使用行为方面的要求。

阅览桌的布置一般有单面单座、单面联座和双面联座等。每张双面桌可容纳4~6人，排列在一起时可连接成8人、10人或12人的大型阅览桌。相对而言，双面阅览桌较节省面积。另外，由于双面阅览桌尺寸大，比较稳定，不易推动，并且能减少噪声的产生，所以大多数图书馆采用双面阅览桌的布置方式。

阅览室的开架书架布置，要考虑书架前站着看书的读者和其他读者的通行，阅览桌与书架之间的距离要适当放宽。

为使读者阅览时有良好的光线，避免眩光和反光，一般将阅览桌的长边垂直于外墙布置。在单面采光的阅览室内，较理想的布置方式是采用单面排列，它采光好，读者面向一致，视线干扰少，缺点是占地面积大。一般面积较小的研究阅览室或其他特殊小阅览室采用这种布置方式。

阅览室座位的布局要注意将阅览区域和交通区域分开，交通区域应尽量减少。由于阅览室面积一般较大，主要通道大多位于两排阅览桌中间，沿着墙壁设辅助通道，主要通道的宽度一般不少于1.2米，在人数较多的阅览室可达1.5米，辅助通道宽度为0.6~1米。

在布置家具之前首先应对空间条件有一个清晰的认识，家具数量要与室内风格与空间环境相适应，留出充足的活动空间。一般来说，家具的室内摆放面积不应超过室内总面积的40%。根据房间内家具的摆放位置，可分为单边布置、双边布置、周边布置和岛屿布置。

（1）单边布置——家具集中在室内一侧，简洁大方。

（2）双边布置——家具布置在室内的两侧，留出中间位置。

（3）周边布置——家具沿四周墙壁布置。

（4）岛式布置——将家具布置在室内的中央，留出四周空间。

[①] 何震.高效 开放 灵活 舒适——新世纪公共图书馆建筑特性研究［D］.天津：天津大学，2005.

还应指出的是，在数字技术的影响下，图书馆家具的变化是明显的。传统家具与现代图书馆布线系统不兼容，也不便于用户使用笔记本电脑。为此，图书馆设计师在设计建筑时，还需要设计配套的家具。现代图书馆家具设计应充分考虑灵活性，阅览桌应通过可移动的电缆连接到地面或墙壁上的数据接口，便于室内空间的重新分割，也就是说阅览桌不仅要能提供灯具或电脑使用的电源，还要能提供信息化接口，该综合布线系统提供的信息化接口密度和图书馆内外数据库的连接能力，是衡量图书馆档次的主要指标之一。

三、图书馆艺术品陈设

室内陈设的艺术品种类很多，凡是具有美感、有价值的物品都可以作为陈设品，具有使用功能的物品也可以作为陈设品。装饰性陈设品包括艺术品、纪念品、雕塑等，功能性陈设品包括灯具、容器、电器等。

在公共空间中，不同位置的艺术品陈设可以烘托环境气氛。同一室内空间，不同的位置，选择的陈设品不同，摆放在不同位置，就会产生不同的效果。恰当的艺术品陈设能产生以点带面、与室内空间相得益彰的效果。

（一）悬挂装饰

为了减少竖向室内空间空旷的感觉，烘托室内气氛，可以在垂直空间悬挂灯具、布艺等饰物，需注意的是悬挂物的高度应以不妨碍活动空间为原则。

（二）墙面装饰

墙面装饰物的种类非常丰富，书画、浮雕、纪念品等都可以作为墙面陈设物。在布置时，首先要考虑陈设品摆放的位置，应选择位置较醒目、宽敞的墙面；其次要考虑陈设品的面积和数量与墙面及相邻家具的比例是否合适，是否符合美学原则。陈设品的排列方式可分为对称式排列和非对称式排列两种。对称式排列的墙面布置，可以取得庄严稳重的效果，但有时会显得呆板；非对称式排列的墙面布置，能取得生动活泼的效果，但如果处理不好容易显得杂乱无章[1]。因此要灵活运用，举一反三。

---

[1] 居住空间设计2——室内设计要素［EB/OL］（2018–11–25）. https://max.book118.com/html/ 2017/ 0322/96383353.shtm.

图 6-6　沧州图书馆总服务台浮雕

　　沧州图书馆总服务台上方有四面汉白玉浮雕墙，分别是"公共图书馆宣言节选""献王集书""冯道印书""纪昀纂书"。三位历史人物是地地道道的沧州人，他们广集经典、以书普世的情怀和现代图书馆服务理念不谋而合。

图 6-7　沧州图书馆"知识之门"

图 6-8　沧州图书馆"百沧图"

　　二层南北环廊装饰有两面文化墙，取名"知识之门"和"百沧图"。"知识之门"融入了中国古典设计元素，取材于唐、宋、元、明、清不同时代最具代表性的门，门的演变是历史文化的缩影，反映的是中华文明的不断传承与发展，鼓励读者借助书籍的力量去探寻历史，在历史长廊中借古鉴今。"百沧图"由一百种不同字体的"沧"字印章组成，包含了篆书、隶书、楷书、行书等等，字体的变化反映了汉字的演变过程。"沧"字是最能代表沧州地方特色的汉字，此设计凸显出沧州图书馆独特的地域文化特点。

三层南北环廊的两面文化墙是"知识之窗"和"百家姓"。"知识之窗"在造型风格上和二层的"知识之门"相类似，门和窗的演变是历史文化的缩影，反映了中华文明的不断传承和发展；将"百家姓"作为印章墙设计主题，意在使每一位读者都感受到一份归属感，自觉自愿到图书馆获取知识、提升素养，从而达到阅读推广的目的。

图 6-9　沧州图书馆"知识之窗"　　　　图 6-10　沧州图书馆"百家姓"

沧州图书馆还在四楼的环形通道设置了四面文化墙，集中展示和传播文化知识。东面的文化墙展示了《二十四史》《四库全书》《永乐大典》《资治通鉴》等中国传统经典著作；南面两块文化墙一面是"沧州非物质文化遗产"，分为民俗、传统音乐、美术、舞蹈、曲艺、传统戏剧、传统技艺七大类别，介绍了盐山千童信子节、青县盘古文化、河间歌诗、青县哈哈腔、沧州武术、吴桥杂技等内容，一面是"沧州文化古迹印象"，记述了陶器、陶俑、瓷器、铜器、玉石器、铁狮子、建筑、遗址、墓葬、墓志等沧州古迹；西面文化墙展示了法国《百科全书》、德国《资本论》、阿拉伯《古兰经》、日本《源氏物语》、古希腊《荷马史诗》、印度《摩诃婆罗多》等国外经典著作；北面文化墙是"世界图书馆大观"，记述了英国国家图书馆、美国国家图书馆、丹麦皇家图书馆、芬兰国家图书馆、中国国家图书馆、印度国家图书馆等 29 个国家图书馆的历史、馆舍建筑、馆藏文献和读者服务等情况，让进馆的读者深入了解世界图书馆功能和发展概况，从而对公共图书馆这座知识殿堂、城市厅堂、市民书房产生喜爱与敬畏，更多地走进图书馆、利用图书馆，更好地服务社会。

　　济南图书馆东侧墙面上四层楼高的书墙，设计灵感来自于高尔基的名言："书籍是人类进步的阶梯。"书墙不但具有装饰性，还有实用性，共分七层，层层用木质隔断整齐相隔，可放 6 万余册图书，前面两侧有楼梯相连，读者可以从各个楼层到书墙取书阅读。

图 6-11　沧州图书馆四楼文化墙

图 6-12　济南图书馆书墙

图 6-13　中山纪念图书馆中庭壁画《香山星座》效果图

　　中山纪念图书馆大堂中庭壁画《香山星座》贯穿图书馆地下一层至七层，高42.6 米，宽 4.4 米，总面积 187.44 平方米，是国内少有的巨型马赛克壁画，也是图书馆的点睛之作。壁画以"家"（家乡）、"国"（国家）、"天下"（世界）为大叙事线索，从文化、艺术、教育、科技等各界选定 26 位香山先贤，与孙中山先生一道构成"香山星座图"，营造出宏大的纪念气场和富于感染力的读书氛围，从而达到纪念先贤、砥砺后人的目的。

（三）桌面装饰

桌面装饰的内容广泛，如台灯、茶具、植物、插花、陶艺等。桌面装饰位置相对较低，与人的关系比较接近，具有实用功能的物品的位置应该便于使用。桌面摆设通常是水平放置，放置的物品不应太多或太杂，否则会显得杂乱无章。

（四）地面陈设

由于地面陈设需要占据一定的空间，因此通常放置在较大的室内空间中。地面陈设具有组织空间和分隔空间的功能，在布置时应注意不要影响活动空间，并注意自身的安全防护。常用的地面装饰有雕塑、座钟、瓷器等。

第三节　图书馆绿化设计

绿化设计是室内设计的一部分，自古以来，室内绿化一直广泛应用于室内设计，特别是在近代，室内绿化得到更广泛的应用。一般来说，室内绿化由各种类型的绿色植物和花卉组成。从广义上讲，水体也是室内绿化的一个组成部分。

一、绿化常用材料

（一）植物

植物是室内绿化设计中的主要材料，具有丰富的内涵和作用。广义地说，室内绿化植物是指一切用于美化和装饰室内环境的植物。也就是说，它是指所有被当作室内装饰形式（如盆花、插花等）的植物；狭义地说，是特指比较适应室内环境，能够较长时间生长于室内，起装饰美化作用的植物 [1]。

室内植物的特点：首先，适应室内环境，室内阳光普遍不足，温差小，通风

---

[1] 居住空间设计 2——室内设计要素［EB/OL］（2018–11–25）. https://max.book118.com/html/2016/1129/66586107.shtm.

差，耐阴性植物更合适；其次，装饰性强，室内植物通常选择观赏性强、观赏时间久的植物。

根据观赏部位的不同，室内植物可分两类：

（1）观叶植物。观叶植物是室内植物绿化的一个重要组成部分。观叶植物的叶子非常美丽，使人感觉宁静娴雅。全年生长的观叶植物有棕榈类、虎皮兰、大叶秋海棠、吊兰、绿萝、文竹、吊竹梅、垂榕、水竹草等，都能为整体景观添加清新自然的色彩。

图 6-14　济南图书馆走廊的大型盆栽植物

（2）观花植物。观花植物是指以欣赏花朵为主的植物。一般来讲，其具有花色艳丽、花朵硕大、花香怡人等特征，在室内环境下，只要依照生长条件所需来栽培，就能长久生存。除了在开花期间可以看到花朵，这些植物并不是特别漂亮，但它们仍然可以用作全年观赏的观叶植物。常见的观花植物有水仙、君子兰、仙客来、海桐、观赏凤梨等。

（二）水

水是绿化设计中不可或缺的元素之一，它给人以自然、清凉、幽远的感觉，增加了整个室内设计的灵气。

水有以下三个特点：

（1）可静可动。静态的水，水面宁静，给人以清澈幽静之感；动态的水，水流形态多样，产生不同的水声，给人一种生动活泼的感觉。

（2）无形。这是水的最大特征，其形状随容器的形状变化而变化，千姿百态。

（3）根据光线变换颜色。水本身是无色的，但在不同的环境光线下，水会变成不同的颜色，使整体环境发生变化，产生神奇的效果。

水型的种类包括池、喷泉、瀑布、溪、潭、井等，可布置在大厅的天井处。

二、图书馆不同功能空间的绿化设计

（一）入口处

公共场所的入口交通量大，此处的植物与花卉应烘托出简明的欢迎气氛。在这里可选用较大型、姿态挺拔、叶片直上的盆栽植物，如棕榈、苏铁等，也可以选择色彩艳丽的盆栽花卉。可以在突出的门廊上沿着柱子种植凌霄花等藤本观花植物。

（二）厅堂

根据公共场所的装饰和布局的特点和需要，室内绿化手段相当广泛。例如室外湖光山色的借用、花木的移接、奇石古器的陈设以及喷泉流水的引入，这些手段都可以在室内实施。大厅里的绿化植物主要以观叶植物为主，辅以观花植物。观叶植物与花卉配植时应力求朴素、美观、大方，以暖色调为主，色彩明快素雅。

图6-15　沧州图书馆中庭绿植

图6-16　沧州图书馆阅览室绿植

沧州图书馆在一至三层的中庭设有空中花园，高大的棕榈树、海枣树、啤酒椰子树错落有致，绿树丛中别致的四角小亭、弯弯的石子甬路、造型独特的喷泉鱼池以及路灯下阅读的孩童、中年女士和老人的雕塑，构成了一幅全民阅读的美好画卷，花园四周为图书馆"正斗"形的白色钢架与透明玻璃相交织的围栏，读者置身二、三层环廊，可以透过玻璃围栏在盎然绿意中享受阅读的温馨与惬意，图书馆也可以通过多面的显示屏，进行活动宣传和阅读推广。

（三）阅览室

阅览室的功能是供人们阅读和学习，因此有必要营造一个安静优雅的环境。绿化布置应该是平和有韵律的，应以绿色观叶植物为主，花卉植物为辅，绿化少而精。选择观叶植物时，叶子不宜过大或过小，颜色不宜过于鲜艳，宜选用中型的、颜色素雅的观叶植物。选择花卉植物时，也应选择色彩淡雅的，如富贵竹、竹芋、兰花等。

（四）会议室

报告桌是会议主持人和报告人所处的位置，是整个会场的焦点。可以在桌面上放置一小盆花，如文竹、四季海棠等，以免遮挡视线。场地周围可以布置一些较高的观叶植物，如棕竹等。如果会场两边有窗台，应根据窗台的高度布置一些观叶或观花植物。

第四节　图书馆标识和导视系统

一、图书馆外部标识和导视系统

图书馆外部标识和导视系统通常是导向项目中最明显的部分，并且经常在车辆和行人密集的区域出现[①]。这些标识一般设计简单明了，旨在引导读者安全直接地到达目的地。导视系统起着建筑地标的作用，作为区别于其他空间的象征，同时起到导向作用。环境导视标识的设计要求具备功能性、可视性、独特性、可操作性，能够使人们在无需询问的情况下，准确快速地到达目的地。

二、图书馆内部标识和导视系统

在设计图书馆内部标识和导视系统时，初始系统规划和布局必须考虑到读者

---

① 王曦.图书馆建筑空间的设计研究［D］.沈阳：沈阳理工大学，2013.

128

的使用习惯，整个系统的导向功能可以最大化发挥。在设计中，我们还必须从艺术的角度考虑整体形象和美学度，在材料选择上要做到易于维护、简单大方和绿色环保。可以说，良好的导视系统是科学与艺术共存的平台。

（一）系统的分类

图 6-17　沧州图书馆楼层指引标识

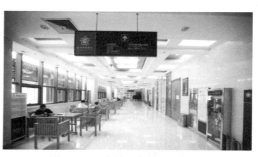

图 6-18　沧州图书馆导向标识

图 6-19　沧州图书馆导向标识

1. 机构设施标识

机构设施标识用于揭示图书馆部门机构和公共设施，使读者能够了解图书馆内的机构和设施的职能和作用。例如各个服务区域、办公室、会议厅、多功能厅、卫生间和安全出口等。

2. 导向标识

导向标识是指示每个机构和设施所处方向的系统，例如去往各部门的指引标识，到服务区的指引标识等。

3. 藏书分布标识

藏书分布标识用于揭示馆藏文献所在位置，是读者查找书籍的指南。包括馆藏示意图、图书分类架位标识等，使读者可以快速找到他们需要的书籍，并按照类别查阅[①]。

4. 警告提示性标识

警告提示性标识是向读者表明某些行为受到限制或在图书馆某些区域应当留心的标识。如"请勿吸烟""保持安静""当心地滑"等标牌。

5. 品牌标识

品牌标识（LOGO）通过一定的色彩、图形、构成等视觉元素来向公众传输某种信息，以达到识别品牌、传播品牌文化的目的。一个设计优秀的品牌标识不仅给人视觉上的美感，还必须向受众准确传递一个机构的价值观和组织文化。对公共图书馆来说也是如此，好的品牌标识能够激发人们对于其品牌的认知，产生积极的联想以及在同类机构中的品牌偏好，进而影响读者对于公共阅读空间品牌的忠诚度[②]。

沧州图书馆品牌标识设计元素包含了汉字"人"、打开的书、沧州图书馆新馆建筑造型、发光的星星、沧州历史名人张之洞手书等。五个用笔画相连的"人"，构成五本打开的书相互连接的形象，代表图书馆人和读者心手相连；相连的书的形象代表"书"和"读书场所"，体现了图书馆的基本功能内涵、服务本质和面向世界兼收并蓄的现代理念；馆徽中心是图书馆新馆的建筑造型，体现了沧州图书馆地标性建筑的特色；"星光"的外形寓意沧图将以一个崭新的形象照亮狮城，用知识的光芒照亮每一个读者的心灵，用五星级的服务给每一位读者送去温暖；"沧州图书馆"几个大字是通过高科技手段复原张之洞本人的手书字体。馆徽整体设计形式大气、内涵丰富，形象地传达了沧州图书馆"以人为本、服务读者"的办馆宗旨[③]。

---

① 高志敏.高校图书馆开架借阅服务的问题与对策［J］.江西图书馆学刊，2011（1）：77–79.
② 仝乐.如何让公共建筑的装修成为时代符号［J］.城市建设理论研究（电子版）.2013（24）.
③ 宋兆凯.沧州图书馆［M］.天津：天津大学出版社，2017：97.

图 6-20　沧州图书馆馆徽

上海图书馆的馆徽 LOGO 采用了深海蓝色，寓意着知识海洋的浩瀚，既稳重大方又彰显个性；整体造型呈现出良好的视觉平衡感，为正三角形，取自新馆所的建筑特征，即两个叠加的塔形尖顶，既寓意着上海图书馆和上海科技情报研究所的合并，以期事业图情并茂，蒸蒸日上，又寓意着知识的聚沙成塔，馆藏资源丰富，历史悠久；

图 6-21　上海图书馆馆徽

标志中暗含重叠展开的书本形象，表达了馆所是书的海洋，任由读者畅游其间；呈带状排列的图形仿佛是一条条信息通道，代表馆所的信息枢纽、网上服务和跨世纪数字化的品牌形象。这个标识在视觉上具有强烈的识别度，寓意上又具有丰富的文化内涵，这一视觉传达要素精准地表达出了上海图书馆的定位、理念和核心价值观，可以说在构建上图品牌形象上最直观，也最易引起读者的共鸣[①]。

（二）系统的设计

目前，大多数图书馆已将导视系统纳入总体规划，并从系统化、科学化和艺术化的设计角度出发，通过形式设计、氛围意境的创造使图书馆的文化氛围和环境特征显示出来。导视系统从颜色、形状和选材方面与图书馆的内部环境相结合，从而建立了图书馆的品牌文化，使读者能够自由、独立、直观地了解图书馆，进而方便地使用图书馆，充分体现了标准化、人性化、科学化、协调化的特点。设计时需注意以下几方面：

---

① 郑海燕. 借助视觉传达完善都市图书馆品牌形象：以上海图书馆为例［J］. 图书馆杂志.2013,32（6）.

1. 注重色彩，强调视觉的冲击

视觉是人们理解事物最基本和最常见的方式，也最具影响力。导视系统能够使人们形成视觉记忆，产生认同感，实现沟通和对话，达到批示、警告、解释和引导的目的。因此，导视系统的位置，以及它的高度和颜色是设计的重点。

2. 标识须符合国际规范

不规范的导视系统不容易被读者接受，甚至影响其功能的实现，尤其是图形和文本的规范至关重要。在目前的导视系统设计中，大多以识别手册为标准，标准色、标准字、禁止组合、规格形式和尺寸都准确无误，保证了设计的完整统一性。例如：入口和出口标识、禁止标识、卫生间标识等必须使用符合国际规范的标识，便于标识的可识别性和国际通用性[1]。

3. 系统化程度进一步加强

图 6-22　东华大学图书馆导向标识

系统化使图书馆导视系统成为一个有机整体。随着图书馆藏书数量的增加、服务内容和服务方式的改变，导视系统的系统化设计程度不断提高，逐渐得到读

---

① 图书馆标识系统的设置特点［EB/OL］（2013-12-20）. https：//jingyan.baidu.com/article/48b558e3 5bbcc27f38c09a8a.html.

者的认可和应用。目前，导视系统设计已从室内扩展到室外、地面和屋顶[①]。例如，东华大学图书馆的导视系统，设计师在图书馆建设之初，就完成了导视系统的设计。从进入图书馆前的索引到图书馆各部分导视标识的设计，均细致、规范、全面，颜色使用恰当，导视系统成为图书馆的空间名片。

4.注重功能性与艺术性的融合

功能是核心，所有设计都是为了体现功能、围绕功能而展开的。功能性的强弱将直接影响导视系统的作用，它是衡量图书馆导视系统设计的重要标准，但仅重视功能设计而忽略其艺术性也是一件失败的设计[②]。

如今，导视系统是图书馆环境设计中不可或缺的一部分，并且越来越显示出在塑造图书馆整体形象方面的重要性。虽然目前导视系统的建设还处于起步阶段，但其发展方向与图书馆的整体建筑的发展是一致的，并且随着图书馆建筑、结构和布局的不断变化而变化。

第五节　图书馆软装设计对阅读推广的作用

当代图书馆肩负着推广全民阅读的重任，这就要求在图书馆设计中，要设置能够提升用户人文艺术修养、激发创意的特别空间，在图书馆整体空间构造、学习阅读设施及服务设置中，体现出人性化、舒适性、灵活性、便捷性、智能化、艺术美感等文化内涵深度，这些都需要图书馆软装设计去实现。软装设计可以激发读者的阅读兴趣，启迪读者的智慧与灵感，也能有效提升图书馆的服务品质。

（1）软装设计体现了空间设计的亮点和功能性。通过家具、艺术品陈设、绿植等软装设计打造不同的阅读和读者活动空间，让空间更具辨识度和功能性，提升读者的阅读体验。例如上海图书馆的入门大厅处设置休闲阅读区，放置了一些舒适美观的休闲桌椅，搭配一些赏心悦目的绿植，为到馆读者营造了一个充满人

---

① 钱红.从图书馆格局变化看图书馆的导向系统［J］.图书馆工作与研究，2008（12）：102–103.
② 钱红.从图书馆格局变化看图书馆的导向系统［J］.图书馆工作与研究，2008（12）：102–103.

文关怀的温馨舒适的阅读氛围。

（2）通过软装设计为读者更好地使用图书馆提供便利。比如在各个阅览桌内嵌插座，便于连接电脑、手机充电等，为读者体验阅读提供便利；在各个阅览区及休闲区增设多台查询机，为读者查找图书、办理借阅及续借提供便利；各种标识明显且准确，方便读者自行到达各个区域，找到需要的信息。

（3）利用软装设计营造图书馆空间的文化氛围，打造绿色空间。例如在大厅及走廊设置不同主题的文化墙，传播科学与文化知识，呼唤读者阅读进而深入思考；利用绿色植物美化图书馆环境，净化空气，为读者提供一个减压的空间。

图书馆的软装设计要始终以读者需求为导向，整合各种资源为读者提供更好的阅读和交流空间，推广全民阅读，让图书馆真正用起来，发挥传播文化的作用。

图书馆空间再造与阅读推广

第一节　图书馆空间再造概述

一、空间再造的概念

空间再造的概念起源于建筑学理念，指通过对旧建筑内部空间的重新规划设计，为原建筑提供另外一种功能。对于图书馆而言，空间再造是指图书馆根据服务对象的个性化与多元化需求，构建新的信息资源、技术、空间与服务的整合的空间结构。空间再造使图书馆改变组织架构和业务流程，提高管理能力和服务水平，促使图书馆作为阅读空间的价值回归。图书馆空间再造不仅指物理空间的改造，还包括虚拟空间的改造，通过现实与虚拟的结合，提升了图书馆的文化氛围，促进了图书馆的知识共享，实现了图书馆以人为本的服务宗旨[①]。

中国图书馆学会副理事长吴建中曾说过："第一代图书馆以藏书为主，第二代图书馆以外借为主，而未来的第三代图书馆则会成为知识中心、学习中心、交流中心。"[②]过去传统的图书馆八成的业务内容都是图书外借，现在外借业务仅占三成，图书馆将 70% 的精力投入到非传统业务，如交流、研讨和阅读推广活动，

[①] 刘小芳.图书馆空间再造研究［J］.科教文汇（下旬刊），2017（11）：149–150.

[②] 图书馆专家聚首武汉探讨图书馆 3.0［EB/OL］（2013–12–20）. http://hb.ifeng.com/a/20161101/5106 633_0.shtml.

图书馆业务内容的创新促进了图书馆空间功能的转型升级。

二、空间再造的原因

（一）社会发展和读者需求

科学技术的发展和读者需求的不断提升，对图书馆空间的功能和布局提出了新的要求。网络技术的快速发展，给图书馆带来了很大的影响，图书馆需要不断改变服务理念和模式，以吸引更多的读者。图书馆在社会价值观念转变中开始更多地关注人们的生活，关注社会的发展，充分利用所获取的资源为社会分担更多的责任。图书馆从多方面关注不同人群的需求，许多富有人性化的设计越来越多地得到了体现。改造图书馆的传统单一的空间结构，可以提高图书馆空间的使用率，使图书馆的空间功能与时俱进。

（二）图书馆自身发展的需要

随着时代的发展，图书馆空间再造的概念也发生了变化，成为一个涉及图书馆学、建筑学、社会学和心理学等多学科领域的综合性的概念。一些研究发现，许多读者喜欢在团体中学习，愿意相互沟通和分享，并且更加注重个人隐私的保护。当今图书馆的社会职能已经不单单是藏书借阅，其作为文化中心在当代城市中扮演的角色越来越重要，所承担的社会责任也越来越多——例如进一步扩大文化传播的范围，贴近和丰富大众的公共生活，并为之提供更多的公共空间和服务休闲功能等。当代图书馆对社会和公众给予了精神文化和物质生活的双重滋养。

（三）新技术的推动

互联网技术的快速发展，催生了许多新技术的出现，推动了图书馆技术的不断升级。通过资源整合、技术协同创新，图书馆提升了空间的创新性和融合度，促进了空间再造的发展；同时，将"互联网+"衍生的各种技术应用于各种虚拟服务，例如智慧移动图书馆等。随着新技术的发展，人们获取知识的方式也发生了变化，人们可以通过书本以外的信息媒介如电子书、电脑等其他的电子设备来获取信息，这种改变在很大程度上推动了图书馆建筑和内部空间设计的转型。

三、空间再造的原则

（一）整体性

建筑空间是一个整体，其中任何一部分的设计都要考虑建筑的整体性，各个精彩的局部无法拼凑成一个优秀的建筑。在空间功能复合的趋势下，我们在进行图书馆建筑设计时不能简单地将各种功能直接拼凑在一起，而是要将各个功能空间进行整合，使它们形成一个有序的新的整体。各个功能空间需要符合整个功能空间的逻辑关系，只有建筑具有整体性，才能避免过于复杂的建筑空间网格给人们带来困惑；只有处理好各功能空间的主次关系和层次关系，建立起衔接有序的整体空间结构，才能使建筑获得整体性。

（二）开放性

根据人类的心理需求，人类的行为可分为私密性活动和公共性活动。当人类个体与个体产生互动，进而形成某项公共活动时，就需要一个公共的空间开展此项活动，因此公共性的空间应该是开放的。建筑技术的飞速进步使得建筑大空间成为可能，大空间意味着建筑的开放性增强。

现代城市图书馆逐渐发展成为市民的文化中心和城市会客厅，其公共性的增强促使其空间的开放性增强。例如沧州图书馆就是一个集文献传递、信息传播、社会教育、文化休闲、新技术体验于一体的功能复合建筑，整栋建筑分为地下一层、地上四层：负一层为报告厅、电影厅、书库、读者餐厅、咖啡厅；一层为展览区、少年儿童服务区、视障读者服务区、遇书房·24 小时阅读空间、"耳机森林"体验区、数字图书馆体验区；二层为中文文献借阅区、音乐图书馆、创客空间；三层为地方文献阅览区、古籍阅览室、报刊阅览区、政府公开信息阅览区、数字资源服务区；四层为专题馆、遇书房·经典阅览室、多功能厅、办公区。整体建筑复合性、开放性兼具，旨在打造"城市的靓丽厅堂、百姓的温馨书房"。

（三）灵活性

灵活性是任何一个现代建筑都应具备的特性，只有建筑的应变能力足够强，才不会被时代淘汰。现代公共图书馆的空间再造，其灵活性尤为重要。著名的英国建筑师哈佛·布朗对图书馆建筑设计提出了十项质量标准，其中第一项就是空间的灵活性要求。灵活性的含义非常广泛，空间的灵活性可以概括为能够在空间的组合、布局、划分、使用、感觉和发展等方面，表现出可变性、适应性、扩展性、互换性和渗透性等特征，这样的空间即可称为具有灵活性的空间。

现代图书馆的建筑空间应是一种灵活多变的空间，空间内除了少数必须封闭的区域外，大部分区域都应该采用开阔的大空间形式，可以按照不同的需求采用适合的分割材料对空间进行自由的划分，这些被分隔开的空间应该既相互联系又相互独立。灵活空间的特征在于流通、渗透和穿插，无论在功能上还是视觉上都能被认为是一种具有相对可变性的"动态"空间。这种灵活的"动态"空间能够充分发挥建筑的潜力，同时也具有很高的社会效益和经济效益。

（四）高效性

1931年，印度图书馆学家阮冈纳赞撰写了著名的《图书馆学五定律》，其中的一条定律就是"节约读者的时间"。这就意味着当读者来到图书馆建筑中，应当能够方便快捷地到达他们的目的地，获取他们需要的书籍或其他知识服务，图书馆的建筑空间需遵循节约时间、提高效率的原则。因此，图书馆设计需建立新的空间形态，提高空间的实用性，组织高效便捷的读者流线。现代城市公共图书馆大都设计成包含藏书、借阅、展览、休闲活动、交流等各种功能的大单元，各大单元有秩序地组合成一个布局紧凑、各功能流线分明的整体，各单元之间流线清晰、互不干扰。

交通空间设计是实现现代城市公共图书馆高效性的一个重要因素。门厅和电梯是建筑之中非常重要的交通枢纽空间，门厅能够将人群过渡到各个单元空间内，电梯和自动扶梯则能够帮助读者快速到达目的地，因此，好的交通枢纽空间的设计能大大提高图书馆建筑运行的效率。传统图书馆中，为了使建筑物气势恢宏，从一个大厅到另一个大厅，人为拉长阅览区和内部工作区流线的形式，已不再符合当今图书馆的发展。丹麦哥本哈根皇家图书馆拥有一个斜向上的长30余米的中庭，在这个中庭空间共设有10部自动扶梯将读者输送到其要去的地方。使用中庭作为建筑的交通枢纽空间，大大提升了空间和流线组织的使用效率。中庭环绕式的布局能够让读者一览无余地了解周围各个功能空间的分布情况，同时也能让读者迅速知道如何到达目的地。

图 7-1　丹麦哥本哈根图书馆中庭

（五）多样性

　　建筑空间在整体上保持统一性的同时，还要兼顾各个空间的多样性，如果一个建筑中的每个子空间都千篇一律，那么整个空间必然会显得乏味。不同子空间会给人不同的感受，我们可以通过强化他们自身的特性来表现空间的多样性。

在空间再造的趋势下，图书馆增加了新的功能，这些新功能也对图书馆建筑提出了新的要求。图书馆不再单单只有藏书借阅的空间，而且根据不同人群的不同需求发生改变，阅览环境逐步人性化。

图书馆新增功能分区中的展览区是一个极具多样性的空间，在进行展览区设计时，我们应根据展品的类型来制定空间的基调，例如沧州图书馆的展览区设置在一层共享大厅的西南角，活动的隔断可以根据展览内容自由调整空间大小，展现出每个展览的个性。

图 7-2　沧州图书馆展厅

第二节　图书馆基础服务的空间再造

一、阅览空间的有效划分

传统图书馆中的阅读功能区，经常通过图书的学科分类来划分阅览室，使得用户感到繁琐乏味。当代公共图书馆阅读功能区最突出的特点是完全开放，这也代表了从以书为本的划分模式向以人为本的划分模式的转变。灵活与开放，看似没有实体的分割，这似乎使空间设计变得简单，但这样的灵活开放却使阅览功能区变得模糊交叉，空间复杂，设计变得难以把控。然而，在分析了大量优秀实例后，我们发现仍然存在一定的层次划分规律。

第一层级，根据使用的人群类别进行空间划分，最常见的是成人阅览区和儿童阅览区；

第二层级，根据信息的类别进行划分，常见的有普通文献阅览区、地方文献阅览区等；

第三层级是根据书架和座位的组织关系和领域划分，这也是阅览功能空间设计中最微观的层面。

在以人为本的阅读空间的设计中，第一层级是根据使用人群的不同来重建功能空间。人群的差异导致空间属性、设计和布局的差异。其中，儿童阅览区是当代公共图书馆阅读功能区不可缺少的一部分，值得关注 [1]。儿童阅读空间应该设置在较低的楼层，方便儿童到达。由于儿童天性活泼，少儿活动区域一般比较吵闹，因此要避免与成人阅读空间相邻，以免相互干扰。同时，儿童阅览空间的营造应考虑层高、采光、家具摆放、色彩等的变化，营造轻松自由的环境。

公共图书馆主要以成年读者为主，因此第二层级中成人阅览区是图书馆阅览功能区中占比最大的空间，也是阅览功能区的主要设计对象。成人阅读区是一般读者阅读普通文献的空间，提供人文、自科、社科、报纸、期刊、外文、工具书等综合性书籍。

当代公共图书馆的普通阅览区一般不根据学科划分阅览室，通常是开放的、无隔断的大空间，它可以是水平方向的大空间，也可以是垂直叠合的阅览层级，主要利用书架和家具摆放或透明隔断来划分空间区域。多媒体阅览区是一个与传统图书馆相区别的新功能空间，其为读者提供计算机和音像设备，进行媒体资源的阅览、数据库和网络访问。应该注意的是，由行为特征决定的多媒体阅读空间

---

[1] 杜晗.当代公共图书馆功能空间的构建与组织研究：以苏州第二图书馆建筑设计为例［D］.南京：东南大学，2016.

的空间属性更具公开性和动态性，应该与普通文献阅览区分开。

在第三层级中，开放阅读空间由书架和桌椅的布置构成。书架和桌椅有两种常见的排列方式，分别是平行布置和灵活布置。书架和桌椅的平行布置包括并列关系和环绕关系。由平行关系营造的空间氛围更加严肃，适合安静的阅读空间需求，且相对死板。而灵活布置，是指书架与桌椅的无序混合或斜线交叉排列，这样形成的空间柔和不死板，适合休闲、轻松的大众化阅览需求。

二、阅读环境的多元化营造

（一）空间营造

在传统图书馆里，主要的阅览区域大多是层高、采光、柱网、家具布置比较均匀的统一空间，无法给读者带来更舒适和个性化的感受。因此，当代公共图书馆要营造一个良好、舒适的阅读环境，这与空间的塑造密不可分。

对空间的打造通常可以通过创建空间界面、改变层高、处理顶部表面、处理侧界面以及创建光环境来进行，使主要阅读区域更舒适，获得充分的自然采光。

图 7-3　丹麦国家图书馆

　　丹麦国家图书馆的普通阅读区域侧重于其空间界面的创建。普通阅读区域占据读者可接近的最顶层，其侧面都是拱形窗户，这使得阅览层充满自然光，并具有非常通透的视野。与统一柱网让人感到压抑不同，读者可以获得更加舒适的阅读环境。

　　除了处理空间界面外，还可以选择处理空间中的其他元素，例如采用阶梯抬高、坡道、退台、局部登高等。上海浦东新区图书馆的普通阅读区域就是利用阶梯建立个性化的阅读空间。这个普通阅读区域连通第三层和第四层，三层中央的墙壁全部由书架组成，第四层成为其上的局部夹层，第三层和第四层通过大台阶和楼梯连接，这样使三层和四层在视觉效果上保持连贯，形成"书山"的效果。这些大台阶既是通道，也是人们阅读的座位，为读者构建了一个新颖独特的阅读环境。

图 7-4　上海浦东新区图书馆普通阅读区域

（二）领域营造

　　阅读环境也可以通过该领域的不同组合和丰富的划分来营造。过去，公共图书馆的主要阅读空间大都根据文献的类别进行划分，书架和桌椅设置单一，仅仅考虑到静态的阅览、学习等行为。当代公共图书馆的主要阅读空间大多是开放的，以满足公众对各种阅读和学习行为的需求，丰富该领域的多样性并进行多种组合。

阅读空间领域主要根据静态和动态的原则进行划分。阅读功能空间也应该分为动态和静态的空间，以便各种阅读和学习行为都处于开放的大空间，读者可以拥有适宜自己的领域，彼此间既不会相互干扰又相互包容。例如，在一个阅览大空间内，要既有适合个人独立工作的区域，又有适合多人交流的小组讨论区以及休闲休息区和多媒体阅读区等。

图 7-5　沧州图书馆专家研修室

三、藏书功能的集中布置

讨论图书馆馆藏功能的前提是承认印刷品实体馆藏在全部馆藏中的主要地位，这是当代公共图书馆区别于数字图书馆最根本的因素之一；其次，有必要澄清的是，开架式管理方法是当代公共图书馆书籍的主要管理方式，传统的闭架书库逐渐被淘汰。在书籍全面开放的存储模式下，对藏书功能构建的研究重点，其实是在其与阅览功能空间的附属关系上。

在传统的公共图书馆中，开架的管理模式已经将藏书带入了阅览区域，由用户自主选择，使得藏书和阅读功能合二为一。然而，在当代公共图书馆中，虚拟资源的普及逐渐减少了人们获取纸质资源的需求，由此产生了大量闲置的纸质书籍。为了扩大藏书量且节省书籍占用的物理空间，更多的建筑师开始探索脱离于阅览座位，集中构建的藏书布局。这主要体现在开架书库的建设上，因为书籍的集中布置使得建筑的主要空间得以释放，这有利于创造更多自由开放的读者阅读和使用空间。

在对书籍需求量大但使用空间紧张的现代公共图书馆中，可以考虑一些藏书功能区域不再从属于阅读功能区域，而是集中布置；但是对于藏书数量要求较低，可用空间比较大的中小型公共图书馆，通常可以通过全面开架来满足用户的使用需求。

第三节　图书馆公共活动区的空间再造

图书馆的公共活动区域是为了满足用户需求的复杂化和多样化而产生的，当代公共图书馆尤其强化这一区域。它不仅指报告厅、展厅、会议厅等衍生功能区域的集合，还指融合了多种文化衍生功能、附属交通功能、休闲交流功能的一个具有公共属性的，开放、流动的空间，是大众进入、驻足、休闲交流、获取信息的空间场所。

一、"第三空间"的概念

美国社会学家欧登伯格（Ray Oldenburg）在《绝好的地方》一书中指出：第一空间指家庭居所，第二空间为工作场所，二者之外的公共空间，如酒吧、咖啡店、图书馆、公园等为第三空间。在《期望的概念》一书中，作者克里斯蒂娜·米昆达指出第三空间是"充满情感，这种情感人们可以在此取得而带走"的"家外之家"，并认为一个城市应当有一种人们可以时时到此从容地呼吸，对灵魂深度

145

有重要意义"的场所^①。作为第三空间的图书馆是 2009 年 8 月 20 日国际图联卫星会议的五大分会主题之一——"作为场所与空间的图书馆"。这些说明"第三空间"与图书馆有非常多的关联性，当前图书馆文化展示区、交流研讨区、简餐咖啡区等文化交流区域的设置，一定程度上与"第三空间"的理念相一致。但是，作为第三空间的图书馆的内涵意义，仍然有待探索和揭示。

二、多重空间的集中整合

公共活动领域具有行为多样性和流动性两个特征，这里整合了大多数非图书馆行为需求，更具公共属性，它具有更高的选择性和更强的复合性，目的性较弱。一般来说，公共活动区域主要集成了三个功能要求：

（一）信息服务

信息服务是集科技查新、借阅服务、信息指导与咨询、信息展示等为一体的信息服务功能，可以将其理解为在咨询员、专家、馆员的共同指导下，为使用者提供信息咨询、信息查找、情报服务等^②。

（二）日常交往

日常交往包括动态日常活动和社交行为两种，如逗留、消遣、交谈、工作、休息等，这些都是公众在城市日常生活中的必要需求。与研究型图书馆和大学图书馆不同，当代公共图书馆的主体是公众，许多人来图书馆目的是感受浓厚的文化氛围，以缓解工作和生活的压力。因此，公共图书馆需要提供一个适合交流的休闲场所，使其成为城市的会客厅。

（三）衍生活动

衍生活动主要包括餐饮、表演、展览、集会、娱乐等公共文化休闲活动，主要发生在衍生功能空间内，如展览空间、多功能厅、多媒体室、活动室等。衍生功能空间一般会在公共活动区域或在公共活动区域内组织。

---

① 陈幼华，杨莉，谢蓉. 阅读推广视角的图书馆空间设计研究［J］. 图书馆杂志，2015（12）：38–43.

② 朱亚华. 面向企业的科技查新信息管理与服务系统［J］. 科技成果管理与研究，2011（2）：45–47.

综上所述，公共活动区主要整合多项当代需求，成为非图书馆行为聚集的主要空间区域。除此以外，它还承载了部分带休闲性质的阅览行为。西雅图公共图书馆位于入口层的公共活动区域内有供轻松阅览行为发生的场所，其书架的摆放更是如水草一般呈现出动态美，避免了因整齐排列而带来严肃感，呼应了公共活动区的流动与开放。这样既有助于提高公共活动区的空间利用效率，更能加强其复合性，为使用者提供更多元行为发生的场所①。

图 7-6　西雅图图书馆一楼大厅

三、衍生功能的多元构成

衍生功能主要是指为大众多元化文化衍生活动需求提供空间的功能块，是与图书馆基本功能属性差距最大的功能部分，也是当代公共图书馆区别于传统图书馆，区别于高校图书馆或研究型图书馆所特有的部分。衍生功能的构成差异较大，通常取决于个别项目，但基本可以概括为以下两类：

---

① 杜晗.当代公共图书馆功能空间的构建与组织研究——以苏州第二图书馆建筑设计为例［D］.南京：东南大学，2016.

（一）餐饮功能

在过去的公共图书馆中，餐饮功能很难看到，但大中型图书馆都应该为用户的长期停留做好准备，因此餐饮功能作为配套设施必不可少。常见的有两种类型：咖啡吧和简餐厅。

咖啡吧主要提供用于交流和休闲的座位，通常没有厨房，大多设置在入口区域或公共活动区域，是用户自由交谈、等待、休息甚至工作的地方。简餐厅主要供应简单餐食，包括加工室、制作室、备餐室、储藏室、厨房等设施，规模相对比较大，一般用于大中型公共图书馆，用以满足用户长时间停留的饮食需求。

（二）文化活动功能

为了满足公众日益增长的文化需求，多元文化功能已成为当代公共图书馆的标准配置。一般来说，它包括三个功能设施：表演、展览和文化教育。

图 7-7　沧州图书馆报告厅

具体而言，观演设施主要用于提供学术讲座和各种形式的文化表演活动，以报告厅、多功能厅、小剧场最为常见。根据我国《公共图书馆建设标准》规定，大中型公共图书馆应设置报告厅，大型馆宜设置 300~500 座的报告厅，中型馆宜设置 100~300 座的报告厅。展览功能是为个人或特殊文化展览提供展览空间，展览空间是最公开、最容易聚集人的地方，因此需要放置在人流量最大的入口区域或公共活动区域。文化教育类设施则为市民提供再教育、会议、各类培训所需要的空间，以多功能室、会议室最为多见。与其他衍生功能空间相比，文化和教育功能空间的公共性较低，使用人也比较特殊。它通常以租赁预订的形式提供给有需要的人，因此经常单独设置。

四、公共区域的整体营造

当代公共图书馆强调与大众和城市的密切关系，其面向大众与城市开放，公共活动区作为与大众日常生活切合度最高的部分，成为当代公共图书馆吸引大众的筹码。因为公共活动区是为积聚公众、连接城市空间而被强化的区域，是当代公共图书馆中公共性与开放性最高的部分，具有人流混杂、功能复合、喧哗吵闹的动态特征。

对于这样的状态，公共活动区往往置于建筑底层或入口层部分，连接入口空间，与城市紧密相连，甚至可以被认为是城市空间的内部延伸。公共活动区应保证流线的便利与视线上的开放，使其成为城市共享客厅或者文化共享场所，为大众在城市中创造了一个可停留的公共场所。

公共活动区应该呈现出轻松、开放、流动的整体氛围，摒除传统图书馆内部死板的环境，而形成一处适宜大众活动的公共场所。公共区域的边界较模糊，并且其交通性较强，一般承载着聚集和分散人流的功能，使用主体往往经由公共活动区再分散至其他各功能空间内。研究型图书馆与高校图书馆因为使用人群的单一化和专业化且没有复杂化和日常化的行为需求，并不强调公共活动区域的构建。

因此公共活动区成为当代公共图书馆区别于其他图书馆最具代表性的区域，也应当成为强化营造的部分。

第四节　图书馆特色空间的再造

一、 创客空间（Maker Space）

在建设创新型社会和"大众创业、万众创新"热潮中，图书馆不再仅限于提供文献、因特网、计算机等实体让读者去获取、评价、利用信息，而是更多地通过提供新兴的媒体、工具、技术让读者去创造信息。

作为 DIY（do it yourself）的衍生物，创客空间成为图书馆的创新服务的一种服务模式，其本质也是利用图书馆物理空间而提供的服务。图书馆创客空间是创客进行创造活动的主要场所，创客在此探讨想法、分享经验、进行创新实验[①]。

创客空间的便利性和完整性，决定了其价值能否得到极致的发挥。因此，根据图书馆可供使用的面积大小，创客空间可以选择以下四个部分作为必备组成部分，各部分都需要详细规划、合理配置。

（1）工作间——创客主要的工作场地，配备 3D 打印机、数控机床、激光切断机等多种设备设施。

（2）会议室——创客用于交流沟通的地方。

（3）存储间和展示区——展示创客作品，吸引更多的读者加入到创客行列中，使图书馆的利用度最大化。

（4）消防通道——占据创客空间的一定比例，用以保证安全。

我们以长沙图书馆"新三角创客空间"为例进行具体说明。

图 7-8　长沙图书馆"新三角创客空间"

长沙图书馆"新三角创客空间"是国内首个集学习、交流、制作、展示、孵化于一体的图书馆公益性创客互动平台，注重打造"阅读—思考—实践—再思考—再阅读"的学习闭环，努力培养来馆用户的阅读学习能力、动手实践能力和创新

① 刘小芳. 图书馆空间再造研究［J］. 科教文汇，2017（33）：149–150.

思维能力，让他们从单纯的书本阅读中走出来，通过知识思考和工具设备的使用，实现"文化＋科技＋创意"的跨领域创新创造。

（一）细分创客群体需求，充实阅读推广品牌

创客空间是一个"人际化的共享空间"，因此，创客群体的需求细分对策划阅读推广活动品牌有着重要作用。

1. 年龄细分

按照创客的年龄分类，创客主要分为：成年创客、青少年创客、低幼创客。成年创客注重培养其阅读和思考实践能力的结合，青少年创客主要参与智能化的创意制作课程，低幼创客则着重提供其启发性的创意体验课程。

2. 专长细分

按照创客的专长技能分类，大体将创客分为三类：创意者、设计者、实施者。"新三角创客空间"提供了从创意孵化、设计思维训练到技术实践操作等各类培训活动，例如"自造者工坊""设计革命"等活动品牌，帮助创客在各自领域找到新的创意突破点，磨炼技能，在实践中发现问题，找到阅读学习的新目标。

3. 成长程度细分

按照创客的成长程度分类，可将创客分为入门创客（Zero to Maker）、社区创客（Maker to Maker）、孵化创客（Maker to Market）三类。"新三角创客空间"针对不同成长程度，将培训课程分为初级、中级、高级三个等级，通过技术培训、组队训练等帮助每个零基础的创客从 0 到 1 完全掌握一门技能，能够与其他领域的创客共同进行创意制作，最后孵化创意。

（二）提供创新创造工具，丰富阅读服务资源

自设立创客空间以来，图书馆成为人与人、人与信息自由交流的空间。有读者直接来这里借阅创客文化、机器人编程和手工类图书，有学生使用 3D 打印机完成毕业设计作品，一些自由职业者借助这里的软件设备进行远程办公。除了相关书籍，这里还有 3D 打印机、激光切割机、微型五金车床等桌面制造设备，也有锯子、钳子、电钻、电烙铁等常用工具，为人们动手设计、编程、制作影音作品和创造实物模型提供了极大的便利，最重要的是"彼此之间可相互借鉴获取知识"。

（三）引导创客深层次学习，提高阅读体验品质

"创客空间"的核心内容是"手工制作"，要求用户亲自动手设计、制造和验证。将"动手制作"融入公共图书馆，鼓励用户将动手与动脑、实践与探索、学习和创造等紧密结合起来。例如，2016 年长沙图书馆与长沙市科技活动中心联合开展的首届"创战计"星城创客大赛，为参赛创客提供了深度学习交流的机会。

图 7-9　长沙图书馆创客空间活动

（四）实现跨机构合作，增添阅读推广力量

"新三角创客空间"从建立之初就采取管理委员会的模式，其成员主体除了图书馆员以外，还有来自各行业领域对创客文化感兴趣的创客、志愿者以及合作机构。图书馆负责整体统筹、协调、组织、策划，管理委员会负责协助图书馆进行日常管理与运行。所有在创客空间提供过 10 次及以上志愿服务的志愿者都可以参加管理委员会的职务选举，由长沙市图书馆及创客空间所有创客成员进行公开投票选出。多方参与的社会化管理模式，不仅帮助馆员走出了常规化的"图书馆管理"模式，也促进了创客对图书馆创客空间的参与感和责任感，成为图书馆创客文化推广的一份子。

我们以"沧州图书馆创客空间"为例进行具体说明。

沧州图书馆创客空间于 2016 年 7 月 1 日正式向读者开放。其内部划分为科技体验展示区、DIY 操作区和开放式讨论区。DIY 操作区由多个板块构成，包括由微型机床和 3D 打印机组成的创客加工板块、机器人板块、电子控制板块等，提供丰富多样的工具，满足参与者各类创意制作的需要。

同时，沧州图书馆将创客空间延伸至多个区域。在馆内耳语咖啡厅内配备投影仪、幕布等设备，为理念分享、头脑风暴等交流活动提供相对独立的场所，参与者可以进行充分讨论，感受争执、辩论、意见统一与妥协及相互认同的过程。

图 7-10　沧州图书馆创客空间

沧州图书馆还利用馆藏资源为创客学习和草根创业提供便利。现有创客、创业相关图书 1300 余种。包括创业数字图书馆在内的馆藏数字资源，从创业策划、创业可行性分析、营销文案写作、团队管理等各方面，为创业者出谋划策，模拟创业过程。为了保证创客活动的高标准、专业化和连续性，沧图创客空间以政府购买服务的方式引入了 STEAM（科学、技术、工程、艺术、数学）课程内容，定期与一些社会机构的专业团队合作，为读者提供一系列免费的创客教育及体验活动。与此同时，部分社会机构主动与图书馆合作开展公益性创客教育活动。

沧州图书馆以创客空间为主阵地，同时利用馆内其他服务空间，广泛开展公益性创客主题活动，传播推广创客精神。技术人员指导参与者利用手工机床等机械制造工具，开展了七巧板、牵线木偶等主题活动，在锻炼动手能力的同时，鼓励参与者实现各种奇思妙想；利用 3D 打印笔、3D 打印机等设备开展了 3D 建模、3D 绘画等主题活动，让大家感受新技术带给人类的思维变革；利用电子控制套件开展了交通红绿灯、电子升旗杆等主题活动，运用电子电路实现信息和能量的转换；利用机器人套件开展了机械毛毛虫、酷车联盟等系列活动，帮助参与者学习综合利用信息技术、电子工程、机械工程、控制理论、传感技术等解决实际问题。

随着创客活动的深入开展，报名参与者迅速增加，许多教师朋友自发地为沧图创客空间作宣传，鼓励同学们及时报名参加活动。创新创造氛围日渐浓厚，越来越多的社会机构也向沧图创客空间发出了合作意向。

图 7-11　沧图创客空间活动

二、经典阅览室

近些年来，越来越多的文化学者、图书馆界专家提出"阅读回归经典"，倡议建立经典阅读专区，推广经典阅读。很多图书馆间再造空间，开辟"经典阅览室"，其中以深圳图书馆的"南书房"和沧州图书馆的"遇书房"最具代表性。

（一）深圳图书馆"南书房"

深圳图书馆"南书房"取名源于清代康熙读书处"南斋"，占地约 350 平方米，以"道·法·自然"的设计理念，将深圳图书馆的经典馆藏、特殊文献展示和读书互动分享三种功能集中在一起，弘扬经典阅读之风，是一个综合性的读书、分享与交流的空间。"南书房"首先是一个读书之所，它配备了 6000 余册以社科经典为主的图书，读者可以随意阅览。它又承担了文献和服务展示的功能，可以举行新书发布会，结合深圳读书月、各种主题活动进行图书馆馆藏的推荐与展示，读者可以在此通过各种电子屏了解图书馆、图书馆之城提供的各种资源和服务。同时它又是一个交流分享的场所，可以举办各种类型的学术沙龙、读书分享会、经典诵读会等，市民甚至可以在此登堂讲学，分享自己的研究与阅读的心得。

图 7-12　深圳图书馆"南书房"书架

图 7-13　深圳图书馆"南书房"全景

（二）沧州图书馆"遇书房·经典阅览室"

图7-14　沧州图书馆"遇鉴·读书"沙龙活动

　　沧州图书馆"遇书房·经典阅览室"是兼具多种功能的经典阅读推广和文化交流空间。"遇书房"取中国古代皇帝读书学习场所"御书房"谐音，体现沧州图书馆致力于打造精品阅读空间，引领阅读风尚，共享优质文化资源的理念。"遇书房"内涵丰富，给人以无限拓展和想象空间。它既包含了沧州图书馆通过深化服务、丰富资源和阅读推广，为读者提供与书相遇，与先哲相遇，与思想相遇，与智慧相遇的途径和平台；又蕴含了"图书馆之城"项目建设的众多阅读空间，为读者在纷繁嘈杂中、茫茫人海中带来与书结缘邂逅的惊喜；更体现了"阅读无处不在"的意蕴和"山重水复疑无路，柳暗花明又一村"的趣味。在设计上，以6000余册古今中外经典文献为主配置馆藏，以四面造型独特的通顶书架和象征知识阶梯的优雅书梯为主体空间艺术造型，以温馨舒适的沙发和灵活组配的桌椅组成读者阅读和活动空间，将经典阅览室的技术性创作与创意艺术相结合，在注重空间功能定位、使用自动化设备的同时，兼顾经典阅览室的视觉感受和美学营造。随着图书馆理论实践发展、服务功能创新和社会需求的日新月异，沧州图书馆"遇书房·经典阅览室"打破了传统借阅服务功能框架，依托本馆的经典文献资源、专业馆员及各界经典阅读和传统文化专家、学者和文化志愿者，利用"遇书房·经典阅览室"及其所在综合服务区域的先进的服务设施，开展学术研讨、专题讲座、交流沙龙、文化展览、文献研读等多种形式的经典阅读推广活动，使之一经问世便成为了公众焦点和明星品牌。

三、专题文献馆

专题文献建设作为一个新兴课题，是指图书馆员通过系统地规划、筛选、收集、整合某一类文献资源，建立全面、完整、相对独立且具有特色的馆藏专题文献体系。专题馆的建设除了营造外部环境（如馆舍空间、内部装饰、设备配置和人员结构），更重要的是要加强专题文献资源建设，保证专题文献的数量、质量、品种和载体形式的多样性。专题馆管理模式是对传统文献管理模式的创新，其优点是办馆思路更加灵活，文献建设中人、财、物的配置更加合理，管理更加规范，制度更加健全，空间设计与布局更加人性化，服务效果更为显著。

我们以沧州图书馆专题文献馆和广州图书馆专题文献馆为例进行说明。

（一）沧州图书馆专题文献馆

为了更好地挖掘、收集、保存、研究、利用有价值的沧州历史文献，建设独具特色的沧州地域文献资源体系，2013 年以来，沧州图书馆以"纪晓岚""沧州作家""诗经""武术""杂技""张岱年""张之洞""运河""书画""医药""非遗""马克思""旅游"为主题，建成 13 个集展览区、收藏区、查阅区为一体，纸质文献与数字文献相结合的专题文献馆，并不断完善文献查询、专题推送、阅读推广、社会教育等服务功能，积极开拓多元文化体验、个性化定制服务等创新功能，同时大力引导、整合社会资源，利用多元、特色、主动的文化服务手段，创新特色文献建设思路，打造了"馆中馆"这一地方特色资源建设与利用新模式。

沧州图书馆 13 个专题文献馆共收藏图书文献 20221 种 47230 册，其中包括影印文渊阁本《四库全书》、文津阁本《四库全书》《续修四库全书》《四部丛刊》、武术大典、历代诗经版本丛刊、张之洞档案、中国大运河历史文献集成等大型文献典籍，还珍藏了有关的古籍、民国文献、手稿、视频等珍贵文献，向读者充分展示了沧州独特的历史文化资源与人文景观。

为满足不同读者的多层次需求，沧州图书馆专题文献区开辟了电子阅览区，读者可以实时查询与观看相关图片、视频等多媒体资料，极大方便了读者的资料搜索需求，提升了阅览体验。同时根据单位或个人需要，推出代检代查、文献复印、个性化定制等服务。针对各个专题馆的特色主题内容与表现形式，利用馆内报告厅、多功能厅、国学讲读馆、遇书房·经典阅览室、音乐图书馆、电子阅览室、演播室、展览厅和分布于城市大街小巷的城市书吧，推出了讲座、展览、沙龙、座谈会、朗诵会、读书班、公益培训等形式多样的沧州地域特色专题阅读推广活动，取得了较好的读者口碑和社会效果。以下选取几个颇具代表性的专题馆加以介绍。

1. 纪晓岚专题文献馆

馆内装饰有精美的古典木质长廊，清代古朴的建筑风格极具文化气息，展陈区分年代展示了纪晓岚的生平和文学成就，玻璃展柜中展示了《四库全书》清版本复制品和纪晓岚的笔记仿品。典藏阅览查询区配置榆木仿古防虫古籍书柜、榆木仿古条桌和圈椅，专业常温常湿自动调节空气设备、七氟丙烷灭火设备、书目检索设备、电子书查询导读等先进浏览查询设备一应俱全。

图 7-15　沧州图书馆纪晓岚专题文献馆全景

馆内典藏阅览查询区收藏有现代版本文津阁《四库全书》、文渊阁《四库全书》《续修四库全书》，纪晓岚文献的古籍版本与现代版本和后人关于纪晓岚与《四库全书》研究、开发利用的图书文献。同时收藏了 1995 年复制的 99 方纪晓岚藏砚以及中国书法大家张海、沈鹏、旭宇有关纪晓岚文化的书法作品，提升了纪晓岚专题文献馆的馆藏品质。

2. 沧州作家专题文献馆

馆内装饰以白色、绿色和粉红色为主色调，环绕式的书架颇具现代风格。"沧州文学发展概况"展板采用大地色系，寓意着沧州这片热土培育出质朴纯粹又饱含力量的沧州文学；"历代沧州作家及其作品编年表"采用绿色系展板，寓意着从土地上生长出的森林，构成沧州由古至今文学的传承脊梁，也似一座座不朽的文学丰碑，双层森林状的设计使得读者需探身浏览，让展览更富有参与感，体现读者对沧州文学历史的探索与敬意；圆形书架的外侧是古代沧州作家与作品展示；粉红色系展板展示的是现当代沧州籍著名作家与作品简介，读者走到这里都需抬头，以一种仰视的姿态"阅读"当代大家，以表敬意；"沧州文学记忆墙"整体造型是抽象的运河，展示了沧州文学发展历程；橘黄色的大圆桌为广大文学爱好者和研究人员提供了阅读交流的平台，更是举办各种文学沙龙和研讨活动的极佳空间。

图 7-16　沧州图书馆沧州作家专题文献馆全景

图 7-17　沧州作家专题文献馆大圆桌

图 7-18　沧州作家专题文献馆作家编年表

3. 诗经专题文献馆

该馆展陈区以大卷轴的形式展示了《诗经》概貌、地位影响、重要书目及沧州作为《诗经》的传播地的传承普及等内容，两根通顶的黄色柱子上镌刻着《诗经》代表作品节选，错落的书脊作为展板，展示有关诗经的专著文献介绍。文献收藏区藏有清刻本和日本亨保至明治时期（清中后期）刻本《诗经》相关文献 20 余种，现代版本《诗经》相关文献 800 余种，3000 余册，在全国《诗经》文献收藏界具有一定影响力。

图 7-19　沧州图书馆诗经专题文献馆全景

4. 武术专题文献馆

沧州素有"武术之乡"的美誉，中国 129 个武术门派中，沧州占了 53 个席位。馆内展陈区装饰设计成四合小院，仿古的青瓦、中国红的大门，寓意着沧州武术的门派众多。"小院"里展示了武术十八般兵器的仿制品，四面墙上的展板上展示了 53 种门派武术套路、沧州武术历史、代表人物等内容，让普通读者通过阅读展陈就能对中国武术、沧州武术有一个深刻印象。

图 7-20　沧州图书馆武术专题文献馆全景

5. 杂技专题文献馆

沧州吴桥一向有"杂技之乡"的美誉，馆内展陈区的展板上展示了杂技的历史变迁、江湖文化、行业规则、民间杂技作艺的主要形式、沧州杂技之乡的由来、民间杂技绝活"八大怪"、国际知名杂技赛事等内容，三个杂技造型雕塑展示了杂技的精湛技艺。文献收藏区收藏杂技纸质及数字文献资源，吴桥国际杂技艺术节、武汉杂技节海报、文件、工作证、入场证及相关视频等资源。杂技天地成为读者了解、研究世界杂技文化的重要窗口。

图 7-21 沧州图书馆杂技专题文献馆全景

6. 张之洞专题文献馆

张之洞是沧州南皮县人，晚清"四大名臣"之一。张之洞专题文献馆展陈区设计上采用深色钢铁质感的框架，给人一种略带压抑的感觉，正暗合了张之洞所处的晚清时期的年代特征。在这些框架之间几处明亮的展牌记录了张之洞与大清帝国、与近代工业、与中国传统文化、以及与家乡沧州之间的关联和他的贡献。文献收藏区收藏有关张之洞的纸质及数字文献资源，为读者研究张之洞提供了丰富的史料。

图 7-22 沧州图书馆张之洞专题文献馆全景

7. 张岱年专题文献馆

张岱年是沧州献县人，中国现代哲学家、哲学史家。张岱年专题文献馆展陈区的展板装饰采用中国传统太极图的造型，集中展示了张岱年的生平、哲学思想等内容。白色的立体书山造型上，镌刻着张岱年的代表作品，让读者直观地看到大师的学术成就。

图 7-23　沧州图书馆张岱年专题文献馆全景

8. 书画专题文献馆

书画专题文献馆 400 余平方米，分为美术史展览区，书画文献收藏和查询研究区，书画艺术品展厅，书画创作交流室，并配有计算机、检索机、导读屏等先进浏览查询设备。馆内收藏有各类书画专题文献和名家画作，集文献收藏、书画创作、展览交流为一体。展览区域分为世界美术史、中国美术史、沧州美术概况三个部分。书画艺术品展厅展示的是中国古代精品书画的高清复制品，这些作品真迹在全国乃至世界各大博物馆收藏。由于部分作品年代久远、纸色黄旧，复制过程中经过技术处理，让这些国宝又重新焕发光彩，展览目的是让市民近距离接触中国优秀历史文化，提高书画鉴赏水平。书画创作交流室设有 2 间画室、1 间茶室，为读者搭建了静谧、温馨的书画创作、研究与交流空间。

图 7-24　沧州图书馆书画专题文献馆全景

图 7-25 沧州图书馆书画专题馆展览区　　图 7-26 沧州图书馆书画专题馆艺术品展厅

9. 运河专题文献馆

馆内入藏包括京杭大运河在内的世界各地的运河文献。巨大的船型书架给人以直观的感受，读者还可通过电子大屏幕查询与运河相关的数字信息。别具一格的《世界上的运河》与《中国大运河上的城市》展览更是带给读者的一份厚礼、一本名著。

图 7-27 沧州图书馆运河专题文献馆全景

图 7-28 运河专题文献馆船型书架　　图 7-29 运河专题文献馆展览

10. 医药专题文献馆

中医药在我国起源很早，在先秦两汉时期就已经形成了理论体系，历史上各医学流派此伏彼起，百家争鸣。沧州涌现出许多医学名家，切脉诊断的创始人扁鹊、寒凉派的创始人刘完素、汇通派代表人物之一的张锡纯等都对中医药事业做出过巨大贡献。医药专题文献馆采用古朴典雅的实木家具，整体布局让读者犹如置身古代的中药铺，展陈区是三位沧州籍中医大家的简介和成就，文献收藏区藏有海外中医珍善本古籍丛刊 43 种，共 464 册。

图 7-30　沧州图书馆医药专题文献馆全景

（二）广州图书馆专题文献馆广州人文馆

广州人文馆位于广州图书馆北九楼，是具有鲜明岭南地方特色的阅读空间，人文馆划分为地方文献藏书区、名人藏书专区、家谱族谱区、广州大典专区和公共交流空间。

广州图书馆自 2009 年起开拓广州名人专藏，入藏岭南学者、本地专家和社会知名人士的专著及藏书，供读者阅览及研究参考。广州人文馆现收藏有著名学者王贵忱，原广州市委书记欧初，岭南画派代表苏华、苏小华为首的"南粤风华一家"，中山大学历史系教授姜伯勤、蔡鸿生，广州文化名人刘逸生、刘斯奋家族等知名人士藏书，现有各类特藏图书总计 3 万余册，其中不乏一些善本、孤本。

广州人文馆创新地方人文服务方式，开展各类展览、讲座、阅读推广和读者培训服务，拥有刘斯翰先生诗词专题系列讲座、"阅读广州——'广州文库'评选""粤剧粤曲大家谈""广府文化""广州味道"、唐宋诗词粤语讲座《广州小故事》等多项品牌活动。

图 7-31　广州人文馆正门

图 7-32　广州人文馆中堂

图 7-33　广州人文馆名人专藏区

图 7-34　广州人文馆展览

四、图书馆概念店

当代信息技术和经济的快速发展引发了一系列社会问题，对图书馆的知识服务提出了更高的要求。世界上已经有不少图书馆着力于空间再造，如英国伦敦的"概念店"、芬兰赫尔辛基市图书馆的"城市办公室"等。信息资源的网络化、虚拟化和多媒体化使图书馆馆藏、服务和管理产生了革命性的变革。社会城市化的加速发展要求图书馆不仅是知识的载体，还是知识信息的传播者、社会教育的课堂和城市的交流空间。

概念店图书馆是伦敦陶尔哈姆莱茨区（Tower Hamlets）特有的一个将传统图书馆信息服务、社会教育和休闲娱乐等功能融为一体的现代社会文化设施，是图书馆发展的创新，无论其内涵和外延都有新的突破，是公共（社区）图书馆发展史上具有里程碑意义的一个创举①。

概念店充分发挥其自身文献信息资源的优势，为读者提供有利于学习的环境和设施设备，包括技能培训、瑜伽、舞蹈、阅读等社会教育。这些特色服务将终身教育的概念融入图书馆服务的各个方面，与我们的健身中心、少年宫、妇女儿童活动中心、老年大学和社会教育机构类似，经济又实用，人员常常爆满。

图 7-35　芬兰赫尔辛基图书馆新馆城市会客厅

城市办公室，来源于社会上流行的"联合办公室"，图书馆提供了一个空间，让更多的人能在这样的环境中相互沟通和交流，让知识分享上升到了一个新的水平②。芬兰赫尔辛基市图书馆的"城市办公室"，为市民提供了一个舒适的工作环境，读者可以在图书馆预约工作空间、电脑以及其他办公用具，在图书馆短期办

① 代晓飞. 英国陶尔哈姆莱茨公共图书馆"理想书屋"战略的实践及启示［J］. 图书馆论坛，2013（1）：59-62.

② 移走书架，再造空间，图书馆将成"城市办公室"［EB/OL］（2017-03-17）.http：//www.360doc.com/content/17/0317/15/40936564_637659510.shtm.

公。该馆馆长马雅·本德斯坦在 2011 年 9 月 7 日于上海图书馆联合举办的论坛会上说，现在大多数办公室都设在传统意义上的主要工作场所或第二工作场所如合作伙伴、客户以及外包工作场所里，今后越来越多的工作场所将设立在第三工作场所如宾馆、咖啡厅或会议中心里。开设城市办公室的目的是为了更好地发挥图书馆作为城市第三空间的功能。

沧州图书馆在馆内建成多个概念店，分为以下几大主题：

1. 未来图书馆概念店·城市办公室

城市办公室旨在推介未来图书馆创新功能空间概念，为读者提供临时应急办公服务空间。使用者可通过身份证或者读者证在服务台办理登记手续进入，进行问题交流、应急办公、发送邮件、扫描、打印、复印急件等办公需求的事项。

2. 未来图书馆概念店·创客交流空间

创客交流空间旨在推介未来图书馆的创新功能空间概念，为读者发挥和实现创意、知识学习、知识创新提供舒适、私密、自由的互动交流空间。使用者可通过身份证或者读者证在服务台办理登记手续进入，进行创意交流、金点子思想碰撞和新项目发布、融资等交流活动。

3. 未来图书馆概念店·读者交流空间

读者交流空间旨在推介未来图书馆创新功能空间概念，为读者提供一个私密的交流空间，满足读者交流的需求，为更多读者进行短时间会谈和知识共享等交流活动提供安静舒适的环境。如果有读者在图书馆内需要临时接听电话，也可以到这里来，以避免打扰到其他读者阅读。

概念店除了使用功能还有观赏功能，欧式木屋的独特造型用铝合金玻璃幕墙材料建设，四面墙及屋顶除了框架就是玻璃幕，通透感极强，附以绿色欧版木质方桌椅、欧式吊灯台灯，营造了温馨、恬静、浪漫的阅读交流氛围，成为沧州图书馆二、三楼层环廊阅读区的一道亮丽风景和书海中的航标灯，吸引读者关注、探寻和利用。

图 7-36　沧州图书馆概念店

五、国学讲读馆

近年来，国学经典阅读推广越来越受到图书馆界的重视，很多图书馆都开辟了专区或专架，向读者推荐国学经典图书，组织举办相关的阅读推广活动。

沧州图书馆国学讲读馆设置在四楼的中央露天文化休闲园内，四周的仿古环廊和绿植营造出中国传统院落的空间感受，"经""史""子""集"四个国学讲读空间错落有致，室内顶部、墙体、地面、桌椅都采用原木，整体设计风格自然、古朴、温馨、大气。国学讲读馆主要面向家庭开展经典阅读推广，邀请相关领域权威人士授课，对国学经典句句精解、字字把关，引导读者掌握阅读经典的技巧，在反复诵读的过程中领略国学经典的魅力。

图 7-37　沧州图书馆国学讲读馆俯瞰图

图 7-38　沧州图书馆国学讲读馆大门

图 7-39　沧州图书馆国学讲读馆内部

六、智能阅读空间

（一）24 小时阅读空间

作为城市书房的公共图书馆，最大的特色在于免费、平等、无门槛，24 小时不打烊。越来越多的城市公共图书馆开放了 24 小时阅读空间，靠着完整的智能化自助系统，实现了无人值守，大馆闭馆后依然可以为爱读书的人提供一方知识的净土。

沧州图书馆"遇书房·24 小时阅读空间"，面积 500 余平方米，读者座席 136 个，藏书 13000 余册，内容涉及文学、人物传记、养生保健、家庭教育等多个知识门类，同时还配有自助借还机、电子阅报屏、电子图书借阅终端等现代化设备，读者可实现自助借还、阅览。该空间在为读者提供成人及儿童图书借阅、报刊阅览等服务的同时，还不定期举办"创客交流""文化沙龙""读者夜话""好书荐读"等阅读推广活动。同时引入了咖啡经营，可满足读者夜间读书、休闲的需求。

实木的通顶书架与阅览桌椅、种类齐全的图书、茂盛的绿植、舒适的沙发、典雅的欧式吊灯、免费的 WiFi、浓香的咖啡……走进"遇书房·24 小时阅读空间"，仿佛进入了一个书墨香与咖啡香交织，极具品位情调的咖啡图书馆，令人流连忘返。

图 7-40 沧州图书馆"遇书房·24 小时阅读空间"门厅

图 7-41 沧州图书馆"遇书房·24 小时阅读空间"内部

图 7-42 "遇书房·24 小时阅读空间"认真阅读的读者

图 7-43 "遇书房·24 小时阅读空间"认真阅读的读者

"遇书房·24 小时阅读空间"于 2017 年 1 月 1 日建成开放，每天 24 小时、全年 365 天面向社会读者开放，成为永不闭馆的图书馆，为读者借阅书报刊、学习文化知识、放松心情、品读咖啡文化提供了一个便捷、普惠、高品质、文艺范的共享平台，深受广大读者青睐和赞赏，每天都是一座难求；尤其深夜夜读的人们孜孜不倦、博览群书的场面，让穿梭而过的市民无不为之感动。城市夜色深沉，遇书房灯光辉煌，仿佛茫茫大海上的航标灯，指引着阅读者奋进的航程。

（二）智慧阅读空间

当代许多图书馆应用射频识别技术（RFID），实现了馆藏纸质图书的自助借还、定位清点以及智慧管理，提高了服务效率，提升了用户体验。

1. 北京师范大学图书馆"智慧角"

北京师范大学图书馆主馆面积 3.6 万平方米，纸本馆藏近 500 万册，采用借、阅、藏、咨一体的全开放管理与服务模式。大开间的建筑格局、馆藏空间紧张的现状以及经费等客观原因使得馆舍空间的全面改造难以实现。他们采取多种方式对馆舍局部空间进行设计，打造不同特色和功能的学习与阅读空间。

2016 年，北师大图书馆与上海阿法迪公司合作成立研究中心，致力于射频识别（RFID）技术及相关产品的研发与应用。在双方的共同努力下，阿法迪公司根据具体读者服务需求订制研发了微型图书馆、智能书架、预约书柜等系列应用 RFID 技术的产品，并投入北师大图书馆试运行。在这样的背景下，2016 年 5 月，北师大图书馆将这些新的设备与设施集中展示于图书馆一层大厅的一角，并将此空间命名为"智慧角"。"智慧角"通过先进的技术和设备为读者提供智能和便捷服务。"智慧角"配备的设备主要有：两个微型图书馆（以下简称"微图"）、智能书架、预约书柜以及自助借还书机。根据不同设备的不同功能与特点，还在"智慧角"策划和组织形式多样的阅读推广活动。

智能书架可容约 600 册图书，可实现架上取书，在配套的自助借书机上完成借书，直接放回架上任意位置即完成归还，具有图书展示性强、借阅操作便捷的特点。北师大图书馆将智能书架专门用于新书展示和借阅服务，让读者及时了解上架新书，加速新书的流通速度。此外，"智慧角"配备的预约书柜也为读者取、借预约书提供了极大的便利。

图 7-44 北师大图书馆"智慧角"智能书架

　　微型图书馆可以容纳约 600 册图书，可以在图书馆自动化系统中作为独立且临时的馆藏地进行配置，读者可以通过刷卡自助完成借书、取书、还书操作，实现 24 小时自助服务。微图设计简单大气，突出实用性和智能型，既集合了自助借还书机和展架的功能，又保证了书的安全。正是微型图书馆的这种特点，北师大图书馆将微型图书馆用于各种专题书展活动。为了使每期书展活动更有成效，他们与学校研究生会合作，将微型图书馆的策展和宣传品设计工作交给学生社团，由学生策划更符合大学生特点和需求的书展，而图书馆则负责对书展主题进行把关、提供馆藏图书、对书展进行宣传并提供借阅服务。例如，2018 年"毕业季"，他们在微图举办了"职业素养、职场技能培养、未来职业规划"的主题书展，为毕业生提供职场技能的"佩剑"。同时，又针对大学生特别是新生学习效率低、缺乏计划性、时间管理缺乏方法等问题，举办了"时间管理的秘密"专题书展。此外，"星藏：品读经典，积蓄力量 —— 名人传记书展""在路上：旅行的意义 —— 旅行、游记书展""表达与沟通"等微图书展也深受大学生的欢迎，这个微型空间得到了最大限度的利用。

图 7-45 北师大微型图书馆

2. 上海市徐汇区图书馆"书香部落"

在社会转型发展的时代大背景下，作为公共空间的图书馆已不仅仅是一个存储和借阅各种资料的地方，更是一个社交互动、充满灵感和惊喜的场所。徐汇区图书馆积极探索空间改造和更新，将原北楼展厅改建为集书房、客厅、工作室为一体的自助式"书香部落"，打造全新的阅读体验空间，优化资源配置空间，延长服务时间，从早上 8 点到晚上 10 点，全年 365 天开放，吸引更多的读者利用公共文化资源，为新环境下成长起来的读者提供更人性、更便利的服务。

"书香部落"的定位是集"书房、客厅、工作室"为一体的自助式阅读空间，它不仅是市民的大书房，更是一个人们可以聚在一起分享阅读，交流经验，点燃想象力，实现各种可能的空间。

一楼规划为图书自助外借区域，全部采用RFID智能书架来提供自助式开放外借服务，可实现办证、查询、借还书等一体化服务。

图 7-46　徐汇区图书馆"书香部落"智能书架　　　图 7-47　徐汇区图书馆"书香部落"自助查询机

二楼规划为开放式的阅读空间，兼具品读交流、视听休闲、展览展示、数字阅读等功能。因面积有限，在细分功能区的时候采用半开放式的区隔，将二楼的空间划分为"艺廊""耕读""心语""书话""世声"等五个功能分区，"艺廊"定期展出馆藏文化名人藏书票；"耕读"专设"草婴名人书架"陈列草婴先生译著及其他徐汇名人名家作品；"心语"提供专业人士的咨询服务；"书话"打造"真人图书馆"，分享个人独特的经历与感悟；"世声"则可免费聆听海量有声书。

图 7-48　"书香部落"二楼开放式　　　　　图 7-49　"书香部落""世声"区
　　　　　阅读空间　　　　　　　　　　　　　　　与"耕读"区

"书香部落"的二楼也是徐汇区图书馆发起的全民阅读服务联盟——"汇悦读书香联盟"的旗舰阵地，场馆可供想要开展阅读类活动的单位、组织免费预约使用。依托"汇悦读书香联盟"平台，徐汇区图书馆联合书店、出版社、阅读推广人、阅读推广组织在这里推出了一系列的阅读推广品牌活动，为市民带来了丰富的文化体验。

图 7-50　"书香部落"儿童音乐剧活动　　　　图7-51　"书香部落""大时代 小故事"写作工作坊

第五节　图书馆空间再造与阅读推广的关系

在过去的 20 余年，图书馆建筑及空间设计发生了深刻的改变。最明显的改变在于，图书馆从威严的知识殿堂转变为平等亲民的、人性化的读书、学习和交流场所。在这个转型过程中，共享空间、"第三空间"等理念颇受图书馆界关注，并得到较为广泛的应用，目的在于增强图书馆的空间功能，满足用户需求。图书馆建筑空间是图书馆机构的存在，其设计布局及功能设置亦代表着图书馆的综合发展水平。当前，处于超越与转型时期的图书馆，一方面通过加强软实力来推进数字化、智能化和无所不在的服务方向发展，另一方面又必须通过流通服务和咨询服务之外的、更依赖图书馆实体空间的各类活动，来彰显自身作为文化场所的价值。

在信息和网络技术迅猛发展的不断冲击之下，图书馆空间布局与设计发生了巨大的变化。图书馆空间再造与阅读推广的关系，主要体现在以下三个方面：

（1）馆藏载体的变化，要求图书馆空间及设备设施重新设置。随着现代信息技术的发展，信息载体已由单一的纸质文献发展成为纸质文献、光盘、电子资源、数据库等多种媒体并存的态势。由于互联网已经可以实现数字载体信息的即时性和桌面化阅读，同时数字信息与传统纸质文献在获取信息过程中有着巨大的经济支出的差异，目前图书馆的馆藏已经从以印刷型出版物为主要收藏对象，转变为纸质文献和电子文献共存的形式，因此，图书馆空间要进行相应的改造和重置，增添获取电子文献的设施设备，实现传统图书馆和数字图书馆的融汇共通。

（2）任何人都可以在馆外免费获取大量网络信息，使图书馆不再具有信息资源收集和访问中心的优势，用户到馆率下降，图书馆空间必须重置以适应时代并吸引用户。时下大肆盛行以轻阅读方式、碎片化阅读方式及浅阅读方式取代传统阅读方式，这种"文化快餐"在一定程度上阻碍了我们进行创造性的深入思考，造成我们潜意识思维上的短路及断片，值得我们警惕。图书馆作为阅读推广的主导力量，需要适应时代发展，通过阅读空间的改造，吸引用户使用图书馆，获得精神滋养。

（3）作为增进读者知识、提升用户素养的中心场所，图书馆功能空间的设置必须与新型的、交互式学习的方式相适应。图书馆的思想宗旨应是阅读推广的创新与文化的传承，要为用户提供新型的、交互式学习的平台，需对图书馆管理制度、空间的设计以及平台服务等进行重新设置。

在信息技术快速发展的当今，一方面全民阅读率逐渐下滑，另一方面国家需要通过提升全民阅读来提升民族素质与竞争力。阅读推广是图书馆的使命，完成这项使命需重新塑造图书馆空间，而推广阅读的同时也是在推广图书馆，两者密不可分。

第八讲

小微型公共阅读空间设计与阅读推广

第一节　小微型公共阅读空间设计概述

随着社会经济的发展，地方政府越来越重视公共图书馆的建设，各地规模宏大的公共图书馆中心馆纷纷拔地而起，恢弘的馆舍、丰富的资源和优质的服务使中心馆成为地区文献贮存中心、信息服务中心、阅读推广中心、阅读与知识传播与指导中心。公共图书馆城市中心馆的发展和成熟有利于区域内的文化、信息、文献、人才资源迅速集中、整合和开发，促进了我国图书馆事业、公共文化服务进步及城市精神气质的提升，也使图书馆成为城市的文化地标和市民的精神家园。

但是，我国图书馆事业的发展依然存在诸多不平衡、不充分的问题：公共图书馆分布不合理，发展不平衡，有的区（县）、乡镇（街道）还没有公共图书馆；中心馆距离市民主要活动区域较远，市民享受服务的时间成本和交通成本较高；区（县）级公共图书馆运行绩效偏低，服务保障水平不高，人均馆藏图书数量和年人均新增图书藏量都偏低；乡镇（街道）图书馆数量少、藏书少、专业人员短缺、服务质量不高。因此，以城市中心馆为基点，构建以公益性、均等性、便利性、网格化、个性化、智能化为原则的公共阅读空间网络具有重要意义。公共阅读空间网络重要节点则是各种形态的小微型公共阅读空间。

一、 小微型公共阅读空间界定和类型

本讲所述的小微型公共阅读空间，是指各级政府、各类社会组织、图书馆等主体以服务民生、服务群众为导向，以小微型空间为平台，向社会公众提供公共阅读、流通借阅、艺术赏析等文献资源和数字资源服务，以及开展阅读推广、艺术交流、教育培训等公共文化活动的新型场所。它应具有健全的服务机制、完善的服务设施、丰富的图书资料、公益性等特点，包括城市图书馆分馆、专门图书馆、趣味图书馆、书吧、农家书屋、社区书屋、职工阅览室等小微型阅读空间。小微型阅读空间能提高图书馆服务的覆盖率、实效性，在相对较短的时间内有助于图书馆的文献信息、阅读推广、文化休闲等服务的广覆盖。它既是一种公共文化服务设施，也是一种公共文化服务产品；它不同于传统的图书馆，它提供或者综合性的、或者专题性的图书借阅服务；它既提供公共阅读，也举办各类文化推广活动[①]。

二、小微型公共阅读空间的基本功能和服务

小微型公共阅读空间具备基础的文献借阅、信息咨询和阅读推广功能，并可以在此基础上积极拓展数字阅读、文化休闲、艺术交流、生活服务等多样化功能和综合服务。小微型公共阅读空间一般应设有自助借还机、自助办证机、数字资源阅览屏等现代化文献服务设备，尽可能地实现区域内各服务节点之间文献通借通还。

图 8-1 沧州图书馆在"晓岚阁"城市分馆举办
读者沙龙

图 8-2 沧州图书馆在"浮阳城市书吧"
举办讲座

具有代表性的沧州图书馆城市书吧除了免费为读者提供基本借阅服务、数字信息资源服务外，定期向社会推出讲座、沙龙、展览、游学等阅读推广活动，同

---

① 杨松 . 城市公共阅读空间概念、发展定位和运行机制研究［J］. 全国商情，2016（32）.

时还引入音乐、话剧、咖啡、简餐等多种艺术及生活服务。这些独具特色、服务丰富、功能完善的城市书吧已经不仅仅是读者读书、小憩的单调场所，也是公众开阔眼界、学习知识、提升素质、舒缓压力、广交好友的文化交流和休闲生活的聚合地。沧州图书馆城市书吧让百姓亲身体验与享受国家文化惠民工程的成果，成为百姓生活中不可或缺的文化给养 [①]。

三、小微型公共阅读空间的发展定位

小微型公共阅读空间作为一种正在加速发展的公共文化服务形态，不同于传统的大型图书馆，其服务内容更为新颖，服务形式更为灵活，空间设计也各具特色、紧跟潮流。所以，小微型公共阅读空间在公共文化服务网络体系中的地位也愈加凸显。

（1）小微型公共阅读空间是公共文化服务网络的节点，是公共文化服务的"毛细血管"。公共阅读空间的重要性体现在它是整个公共文化服务网络体系中的关键节点，它以广泛分布、服务灵活、扎根基层、贴近群众的区位优势，有效地缓解了图书馆公共文化服务发展不均衡的问题。

（2）小微型公共阅读空间秉承创新、参与、合作的理念，是公共文化服务的"造血干细胞"。现代公共文化体系需要全社会共同参与、协同共治。政府在公共文化服务领域的改革不断深入，文化服务由政府"端菜"变为百姓"点菜"，政府职能逐渐移交给社会。因此，公共文化服务机构应与社会合作，吸收社会力量"办文化"。小微型公共阅读空间则是政府与社会有效合作的平台和途径，有助于为公共文化服务提供源源不竭的动力和支持。协同共治模式下的公共阅读空间更强调公众的方便、体验和参与。在公共阅读空间里，读者不仅可以得到优质的文献信息服务，还可以进行分享和交流，更可以享受其他生活服务，可以提升自身阅读兴趣、文化体验和参与的愉悦感 [②]。

（3）小微型公共阅读空间是城市气质和品位的体现，是一个城市的文化名片。区域内统一规划设计并各具特色的小微型公共阅读空间往往有助于城市形象的

[①] 沧州图书馆.城市书吧 沧州图书馆市区分馆建设新探索［N］.新华书目报，2016–08–12（12）.
[②] 杨松.城市公共阅读空间概念、发展定位和运行机制研究［J］.全国商情，2016（32）.

提升，并与中心馆等大型文化设施相辅相成，共同构成城市的文化地标。坐落于城市各个角落的公共阅读空间，以书为媒，在门面设计和内部装修上，不仅可以融入地方历史文化和现代城市文化，还可以引入不同业态的文化元素，不但装点了城市一隅，美化了市民心境，更代表了一座城市的文化格调，是城市文化的靓丽名片[①]。

第二节　小微型公共阅读空间设计基本内容

一、小微型公共阅读空间建设与设计的基本原则

1. 实用原则

小微型公共阅读空间建设要因地制宜、实事求是，避免盲目求大，力求经济实用，根据区域内实际情况和居民特点来确定办馆规模、文献藏量和服务项目[②]。

2. 适度原则

小微型公共阅读空间要基于政府财政投入力度和自身的资金和财务状况，量力而行，讲求实效，切不可贪大求多[③]。

3. 科学规划原则

建设前，建设主体应调研本区域内人口分布的密度、社区文化需求的差别，统筹规划，科学建设，形成分布合理的阅读服务网点。在进行阅读空间布点时要注意以下问题：①同一城市的省市两级图书馆作好协调分工，划定建设范围，避免重复建设；②把握与现有公共图书馆的空间距离，布点时应关注偏远社区，向远离图书馆的社区倾斜；③循序渐进，分段建设；④充分利用自然性社区，如住宅小区、企事业单位社区、学校等已有的资源优势先行建设[④]。总之，如何满足人们在散步中顺路拜访社区图书馆和城市书吧等小微型公共阅读空间，在忙碌的

---

① 沧州图书馆.城市书吧 沧州图书馆市区分馆建设新探索［N］.新华书目报，2016–08–12（12）.
② 黄艳，莫争春.西部地区城市社区分馆建设对策［J］.高校图书馆工作，2007（6）.
③ 黄艳，莫争春.西部地区城市社区分馆建设对策［J］.高校图书馆工作，2007（6）.
④ 黄艳，莫争春.西部地区城市社区分馆建设对策［J］.高校图书馆工作，2007（6）.

间隙光临安静温馨的书吧，在享受规模宏大、功能齐备的大型图书馆的同时又能拥有温馨小巧、凸显个性的公共阅读空间是科学规划的重要考量和人文基础。

4.绿色舒适原则

小微型阅读空间要体现人文思想，就要从选址、室内布局、多功能设计上做到以人为本。阅读空间应做到位置适宜，交通方便，且周边环境安静，没有噪声、粉尘、大气等污染源；阅读空间光线、色调、设施、视野、布局、物理环境多个方面既要满足读者生理需求和安全需求又要满足读者心理需求。要规划出休息区，同时为这些地方的桌椅预留电源和网线接口。为了使整体环境和谐一致，馆内桌椅、书架、门窗、灯具等设施，应在质地、色彩上符合整体空间的设计。图书馆的室内环境要做到美观耐用，使其成为读者文化休闲和交流学习的重要场所。

5.艺术性原则

小微型公共阅读空间的建立不仅要满足人们对于图书馆固有功能性的需求，还要给人以艺术的熏陶及感官上的享受。内部环境设计中适当搭配一些绘画、雕塑及绿色植物，这样的艺术创造可促进读者良好心态的形成，同时增强文化底蕴和艺术感染力。装饰风格要温馨、简洁、典雅、大方，颜色要以明亮的暖色为主，以适应书报刊阅读和不同年龄段读者的阅读需求。室内各种软装饰要体现文化艺术性，注重细节安排，营造明亮静谧、高品位高档次的阅读环境。

二、小微型公共阅读空间的选址

小微型公共阅读空间选址一般应以区域商业中心、生活中心、交通要道、工业园区、大型综合性社区及群众性文娱活动场所为主，要交通便利、位置优越、便于群众集散，能为大多数群众和流动读者提供多元、均等、便捷的文献信息和文化休闲服务。例如，沧州图书馆城市书吧，有效克服了以往的社区分馆和机关事业单位、学校、部队等服务点大多建在居民小区或单位内部，不向社会公众开放，由社区和单位负责管理，馆舍面积小，图书少，服务人群单一，且专业化服务程度低、服务能力弱、服务效果差等弊端和局限性，以公共图书馆为主导，冲破社区围墙、平等、免费、无障碍地面向普通市民众提供服务，联通整个城市的公共图书馆，延伸阅读服务空间。这些临街阅读空间如同人体内的毛细血管，将公共图书馆的服务理念、文献信息、知识智慧输送到百姓身边。

三、小微型公共阅读空间内部空间的设计风格

小微型公共阅读空间的内部空间设计风格相对灵活，一般情况下可依据设计需要采用传统风格、现代主义风格、后现代主义风格、新古典主义风格等多种风格，以提升空间的文化艺术性和特色。

传统风格相对现代主义风格而言是具有历史文化特色的风格设计，更加强调历史文化的传承以及人文特色的延续。传统风格按地域划分，一般包括中式风格、日本风格、欧式风格、伊斯兰风格、地中海风格等。

图 8-3　日式风格　　　　　　　　图 8-4　地中海风格

图 8-5　中式风格

现代主义风格起源于包豪斯学派，强调推陈出新，重视功能和空间结构，造型简洁，强调结构构成本身的形式美，抛弃了古典主义的繁复装饰，崇尚合理的构成主义，尊重材料的性能，讲究材料自身的质地和色彩的配置效果，发展了以非传统的功能布局为依据的不对称的构图手法。现代主义风格的阅读空间设计讲求简练、优雅，将形式和功能完美结合，以舒适宜人的氛围示人。现代主义风格重视环境意识，多用自然色彩来营造氛围，偶尔使用大胆的色彩对局部加以强调，以达到点缀装饰的效果。在内部空间设计上，往往在突出形状和质地的同时，配以新旧家具的混合使用，使得现代主义风格突破了时代的限制，变得更加容易为大众所接受。

图8-6　现代主义风格

后现代主义风格强调建筑及室内装潢应当不拘泥于传统的逻辑思维方式，但又具有历史的延续性，探索创新造型手法，讲究人情味。后现代主义风格常在室内设置夸张、变形的柱式和断裂的拱券，或把古典构件的抽象形式以新的手法组合在一起，即采用非传统的混合、叠加、错位、裂变等方法和象征、隐喻等手段，以期创造一种融感性和理性、集传统与现代于一体的建筑形象与室内环境，简单来说就是"亦此亦彼"①。

图 8-7　后现代主义风格

新古典主义是当代对古典文化提炼和传承的设计风格，将古典建筑中的特有元素进行提炼和简化，使建筑具有古典建筑的比例美和样式美，从而形成一种典雅庄重的设计风格。在现代建筑设计风格走向多元化的的今天，新古典主义在空间设计中仍然有着举足轻重的地位，它可以使空间风格趋于庄重典雅并凸显神圣性和纪念性。

---

① 陈晓蔓，衣庆泳. 室内装饰设计［M］. 武汉：华中科技大学出版社，2012：7-10.

图 8-8　新古典主义

第三节　小微型公共阅读空间设计与阅读推广案例

小微型公共阅读空间现在已成为我国公共图书馆创新工作思路、延伸服务功能、扩大服务辐射范围、吸引社会力量的重要平台和措施。广州、深圳、沧州等城市更是提出了建设"图书馆之城"的愿景和方案。虽然各地"图书馆之城"建设的模式各异，但是小微型公共阅读空间的建设均在其中占有重要位置，北京市、河北省沧州市、江苏省苏州市、浙江省温州市、安徽省合肥市等地的建设发展实践均取得了一定的成果。

一、北京篱苑阅读室

篱苑阅读室项目位于北京市怀柔区雁栖镇交界河村智慧谷，这里山清水秀，风景如画，名胜众多，常住人口 300 余人、70 余户，身处大山之中的小山村每一寸土地都透露着古朴的气息。

图 8-9　篱苑阅读室外景

图 8-10　篱苑阅读室阅览空间

图 8-11　篱苑阅读室阅览空间

篱苑阅读室是一个长 30 米、宽 4.35 米（轴线）、高 6.3 米的长方体，总建筑面积 170 平方米，这也是一个由篱笆围成的空间，这些篱笆取自漫山遍野的劈柴。场地前的水面、水边栈道、平展铺排的卵石以及篱笆，让阅读室与自然环境浑然一体。设计师将当地村民常用的柴木布置在玻璃幕墙外侧形成篱笆，既遮阳又透光，同时展现出强烈的地域特性，阅读室也因此取名"篱苑"。内部则使用了杉木，成排的书架及供读者席地而坐轻松阅览的大台阶让整个空间干净利落，另外在阅读室的两端，各有一个下沉式的相对独立的围坐、讨论空间。这几个空间其实没有任何装饰品隔断，它们是一整个 30 米通长的大空间，唯一的一处隔断是从混凝土大门洞进入室内时的玄关。书的排布随意而易取，读者可以随手抽取自己感兴趣的书，就近找一个舒服的座位静心阅读，阳光透过夹在立面及屋顶玻璃之间的篱笆投射到室内，明亮而温暖。人们可以随心所欲地选择任何形式的阅读方式，坐、躺、卧，读读书，累了就躺下眯一会儿。阅读者以最自然的方式融合在这样一个纯粹自然的阅读空间中，错落的空间结构也让读书生活变得更有情趣。

二、温州市城市书房——鹿城文化中心城市书房

根据 DB3303/T010–2018《城市书房服务规范》，城市书房是由政府主导、社会力量合办，依托各级中心图书馆，采用自动化设备和无线射频技术，实现一体化服务，具备 24 小时开放条件的场馆型自助公共图书馆。2014 年开始，城市书房建设工作连续被列入温州市委、市政府十大"为民办实事"项目，采用政府与企业、社区等社会力量合作的方式建设，为市民提供崭新的知识共享、信息交流、互动阅读的人文空间，受到市民的一致好评。

截至 2018 年 9 月，温州市已建成 52 家城市书房，总建筑面积达 11800 平方米，总藏书 55 万册。累计接待读者 504 万人次，流通图书 280 万册次，办理借书证 6 万张，图书流通率高达 380%。每年开展读书沙龙、展览、亲子绘本阅读等各类活动近 200 场次，参与市民近万人，服务效益优于一座建筑面积 1~1.5 万平方米的中型图书馆。

鹿城文化中心城市书房正是其中最具特色也最温馨的一家。它位于温州市鹿城区上陡门惠民路鹿城文化中心一楼，前身是机关食堂，建筑面积只有 90 平方米左右，由法国设计师因地制宜，巧妙地将建筑与环境相融合改造而成，书房

内处处体现出时尚、人文、环保、美观的理念。目前其配有图书 1 万余册，馆藏 8000 余册。

在空间布局上，为了符合城市书房服务标准对藏书数量、阅读桌椅的数量要求，设计师将 4 米多高的层高隔成两层，由一侧旋转楼梯连通。这样的设计大大拓展了使用空间，开辟出能供 40 余人阅读的桌椅摆放区域。另外，书房内采用书架分隔功能区域的方法，意在使读者仿佛置身书海，被知识包围。

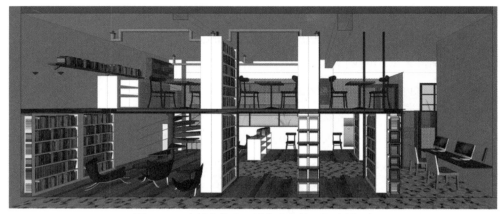

图 8-12　鹿城文化中心城市书房效果图（侧面）

图 8-13　鹿城文化中心城市书房效果图（正面）

设计师还在书房临街面大面积采用透明玻璃，增强采光度，路人透过窗户就能看到书房内部。从白天到晚上，读者在这里看书都能感受到自然的变化。但同时考虑到大门朝向（朝西），太阳常常晒进书房，不利于书籍保存的同时也不利于读者眼睛的保护，设计师在书房窗户上加装了雨棚，并利用电脑软件计算光线而设计了雨棚的宽度，在保证室内采光充足的基础上，遮掉部分阳光以防止室内过热。而这样的遮阳设计，能减少之前至少 50% 的耗电量；书房房檐下方的位置还设有可以打开的玻璃窗，能实现通风与昼夜冷热交替的功效，因此一年中有一半的时间，城市书房内不用开空调。

图 8-14　鹿城文化中心城市书房晚间实景

另一方面设计师采用环保材料地板——废旧木板再利用和其个人设计的专利瓷砖相结合，彰显个人设计风格。

图 8-15　鹿城文化中心城市书房拼接地面设计

此外，每一张桌子上的台灯都采用暖光，每一个书架的高度、桌椅的摆放都经过精心设置，以期为读者提供舒适的阅读环境，让读者爱上书房，爱上阅读。

图 8-16　鹿城文化中心城市书房灯光设置

三、长沙市图书馆天心区湘府文化公园分馆

长沙市图书馆天心区湘府文化公园分馆秉承"有花香的地方就有书香"的理念选址建设，位于湘府文化公园"三湘四水"景区，以原文化长廊为主体进行改造升级。馆内总面积240平方米，分为两个区域，东侧区域为湘府文化公园分馆，建筑面积180平方米；西侧区域为24小时自助图书馆，建筑面积60平方米，可24小时开放。该馆拥有以下四大特色：

1. 环境优美

该馆地处公园内，环境优雅安静，读者在馆内闻着花香、感受书香，沉浸在浓浓的阅读氛围中。

图 8-17　沙龙区与集中阅读区　　　　图 8-18　天心区湘府文化公园分馆夜景

2. 环保节能

该馆因地制宜，将文化与科技完美结合，在公园分馆屋顶向阳处修建了一个 210 平方米的太阳能光伏电站，铺设了 90 块太阳能光伏板，每天能发约 60 度电。

图 8-19　公园分馆屋顶 210 平方米的太阳能光伏电站

3. 科技创新

该馆配备了齐全的高科技设备，如：书法体验台、电子书借阅机等。馆内的专用手机上安装了 App "中国电科装备新能源数据中心"，可以实时远程控制及观测该馆电灯开关、监控摄像、图书借阅等。

4. 功能齐全

馆内划分有四个功能区：体验区、阅读区、沙龙区和自助区。该馆高科技设备大多位于体验区，能满足读者的多种需求。在阅读区内，共有基础藏书 8000 册，配备有图书智能盘点定位设备，可大大提高图书管理的效率。在沙龙区，设有自助咖啡机，且专门设计了集中阅读区，在不影响其他读者的前提下，以书会友的读者可以在这里开展一些讨论会或者读书分享会等小型活动。在自助区，配备了两套桌椅，这样当西侧分馆关门后，读者仍可以从东门通过刷身份证或读者证进入 24 小时自助区，自助办理读者证及借还书手续。

第四节　沧州"图书馆之城"城市阅读服务体系下的小微型阅读空间设计与阅读推广

沧州图书馆"图书馆之城"项目是在沧州市中心城区建设以沧州图书馆为中心馆，"遇书房"城市分馆为区域总馆，"遇书房"城市书吧为分馆，"遇书房"数字城市知识驿站和众多"遇书房"城市阅读微空间为服务点，汽车流动图书馆为机动力量的，由政府主导，图书馆建设管理，社会力量参与的广覆盖、全方位、多形式的图书文献通借通还的公共图书馆小微型阅读空间延伸服务网络平台，从而建立 15 分钟图书馆阅读和旅游服务生态圈。"图书馆之城"由中心馆沧州图书馆统一规划、统一建设、统一管理、统一标识、统一宣传，实现文献资源统一采购、统一编目、统一配送、通借通还和人员统一调配、统一培训，中心馆与城市分馆、城市书吧、知识驿站、阅读微空间、流动图书馆形成合力、优势互补，在沧州中心城区构建成一个理念超前、资源丰富、设施先进、服务便利、互通互联的公共图书馆服务网络和创新型、实用型城市阅读与旅游服务体系，构建了城市阅读与旅游服务体系的"沧州模式"。同时，项目强力推进以 2 个区级、14 个县（市）级图书馆为总馆的图书馆总分馆制的实施，并指导高校、科研院所和社会力量建设的图书馆和阅读设施免费向社会公众开放，实现图书馆服务和旅游服务的全覆盖，文旅融合，建成更大概念、意义上的沧州"图书馆之城"。

图 8-20 沧州图书馆"图书馆之城"项目 LOGO

沧州图书馆"图书馆之城"项目品牌标识设计是小型公共阅读空间规模化、品牌化建设中的有益探索和业界典型。该品牌标识在图形上，利用沧州区域版图形状作为整个标志图形部分的主要轮廓，在图形中加入书脊和书的造型，寓意将书香撒满整个沧州；颜色上，以灰色调为主，从左至右由墨绿色到浅蓝色渐变，也是代表内陆平原向沿海的延伸；文字上，利用简洁、富有文化底蕴的书法字体与整个 logo 色调相互搭配、呼应。整体设计富含深意，形象表达了"立足需求，均衡分布"原则，从而使沧州真正做到服务的"共建、共享、互通、互连"。

一、沧州"图书馆之城"项目中小微型阅读空间的主要类型

（1）"遇书房"城市分馆是中心馆服务延伸的载体和服务特定区域的重要平台，是"图书馆之城"建设的核心。以财政投入为主，社会力量参与为辅，图书馆管理运行。

（2）"遇书房"城市书吧是吸引社会力量参与"办文化"的平台，是"图书馆之城"的"造血干细胞"，以"阅读空间临街、服务功能打包、资源众筹共享、多种业态结合"为建设原则，为"图书馆之城"的发展提供不竭的动力和广泛的社会基础。财政和社会力量共同投入，图书馆牵头管理运行。

（3）"遇书房"城市知识驿站是"图书馆之城"数字阅读推广的平台，是图书馆连接各类大型企事业单位、公共团体、公共场所参与全民阅读的纽带。财政和社会力量共同投入、管理。

（4）"遇书房"城市阅读微空间是"图书馆之城"推广全民阅读的探头和触角，它的特点是"形式多样，灵活方便，覆盖广泛，即点即看"，星罗棋布的阅读微空间如同毛细血管般将图书馆的服务和数字阅读直接送到市民的面前。财政和社会力量共同投入，图书馆管理服务。

（5）"遇书房"城市图书馆流动服务车是可根据城市发展和市民需求随时调整服务地点、服务内容和服务形式的移动阅读空间，是"图书馆之城"平台建设的机动力量和有益补充。财政投入，图书馆管理服务。

二、沧州图书馆"遇书房"城市分馆、城市书吧空间设计

（一）天合·耳语城市书吧

图 8-21　天合·耳语城市书吧门头设计

天合·耳语城市书吧于 2015 年 12 月 7 日正式开放，位于沧州市城区西南一隅，周边现代商业住宅林立，幼儿园、学校、医院等公共服务设施齐备，商业发

达，人流聚集，交通便利。天合·耳语城市书吧建筑面积 150 平方米，整个城市书吧由读者咨询区、展览区、借阅区、交流区、餐饮区及艺廊等 6 个功能区组成，集售书、借阅、数字阅读、简餐、休闲、举办文化沙龙等多功能于一体，设有自助借还机、自助办证机、电子图书借阅机、读报屏等现代化设备，实现了无线网络覆盖。内有 4000 余册图书可供读者免费借阅，内容涉及自然科学、社会科学、文学艺术、养生保健、历史地理、少儿图书等多个知识门类，能同时容纳 50 余名读者阅读。

图 8-22　天合·耳语城市书吧一层借阅区

　　天合·耳语城市书吧空间设计融合了中式、欧式和现代主义风格，风格的变换既给予读者以审美的享受，又划分出了不同的功能区。设计师将 5 米多高的层高隔成两层，扩大了使用面积，且二层面积是一层的一半，使一层玄关和读者咨询区有充足的头部空间，这样的设计不仅突显了空间的层次感和纵深感，而且让读者步入书吧后感到宽敞明亮，轻松自如不压抑。

图 8-23　天合·耳语城市书吧内景　　　　图 8-24　天合·耳语城市书吧一层文化展示区

　　一层的临近门口的部分是玄关和读者咨询区,采用现代主义风格装饰,屋顶装有极具时尚感的吊灯,两侧墙面设计了高大壮观的书墙。书墙前设有展陈区,用于定期发布和展示推荐书目、艺术作品和主题文化展览。为了增加整体设计的现代感,这个空间采用了透明玻璃地面,剔透的玻璃地板下则铺满了经典书籍。穿过玄关和读者咨询区,便是图书阅览区,这个区域采用了中式风格,烘托出安静严肃的学习氛围。书吧的一层布局巧妙,设计新颖,个性鲜明,对读者具有一定吸引力,人们踏进书吧在为这经典书籍铺成的地面和墙面惊叹的同时,也会不约而同地踮起脚尖、轻步行走,平复浮躁之心,点燃敬畏之心。

图 8-25　天合·耳语城市书吧一层阅览区

设计优雅的旋转楼梯将城市书吧一层与二层连通。二层采用欧式设计风格以凸显该区域的自由、轻松、舒适的特点，设置了交流区、餐饮区和艺廊，提供咖啡、简餐等贴心服务，可同时容纳 20 位读者阅读交流和就餐。由沧州图书馆文创产品、插花作品、紫砂陶瓷等艺术品和新鲜花卉组成的艺廊将二层整个区域包围，为书友们阅读和休闲营造更加惬意、优雅的氛围，成为真正的"温馨书房"。从书吧二层休闲区往下看，两侧墙上通顶书架内装满了各类书籍。欧式的柔光吊灯，铺满书籍的玻璃地板方格，使人置身于书籍和知识的玄妙世界里。

图 8-26　天合·耳语城市书吧二层休闲区

沧州图书馆"城市书吧"开辟的多种业态结合之路倚助强大的设计能力、营销能力和创新能力，在大众范围内引起广泛关注，使城市书吧成为各界瞩目的"文化组合空间"。沧州图书馆"城市书吧"涵盖公共图书馆、书店、美学生活馆、咖啡店、艺廊、众创空间及美食与旅游等多种业态，打造了精致靓丽的空间和门面，不但装点了城市一隅，美化了市民心境，更凸显了城市的文化格调。

（二）千童城市书吧

千童城市书吧处于正在飞速发展的沧州市东南新城中心，背依林立住宅，面朝千童公园，与综合商业中心隔路而望，地理位置优越，辐射人口多。其建筑面积约 126 平方米。馆藏图书 5000 万余册件，其中成人图书 4000 余册，少儿图书 1000 余册。馆内实现无线网络覆盖，并配备了自助办证机、自助借还机等先进的服务设备。

图 8-27　千童城市书吧门头

千童城市书吧空间设计采用了地中海风格，与周边的公共休闲设施和建筑的风格相融合，淡蓝色的天花板、白色的书架和台阶、绿色的桌椅，如蓝天白云般清澈安静，又如森林般深邃葱郁，给人以自由洒脱、清新怡然之感。千童城市书吧根据空间结构的特征，整体上采取简繁相称的设计思路。一层整体设计简洁、色彩明快，咨询服务台和书架均采用了白色，书架形态各异、错落有致，材料色彩和形态的搭配在视觉上拓展了空间纵深。

图 8-28　千童城市书吧楼梯间文化墙设计　　　　图 8-29　千童城市书吧楼梯

　　一层通往二层的通道是一条洁净靓丽的白色楼梯，宛如地中海沿岸阿里坎特的白色城堡的石头阶梯。白色楼梯两侧分别是书墙和展览墙，造型凹凸有致，文献和图片相结合，读者每上一阶楼梯都会邂逅不同的书籍、文字和风景，这种设计既充分利用了有限的空间，又增添了读者移步查找图书间隙的乐趣。分馆二层是读者的阅览、交流和思考空间，墙面和天花板选择了天蓝色，绿色的桌椅则与摆放的绿植相得益彰。蓝色平复人浮躁的内心，使人冷静，绿色舒缓人的视觉疲劳，使人放松，读者置身其中仿佛仰卧在清晨的草地上，眯着眼睛看阳光、白云和蓝天，轻松惬意、美不胜收。二层的西墙有一面窗户，透过窗户可一览千童公园全景。窗户旁精心摆放了一张长条桌子和几把高凳，供读者远眺、沉思。

图 8-30　千童城市书吧二层阅览区

千童城市书吧利用合理新颖的空间规划、明快轻松的色彩、人性化的陈设摆放，将有限的空间打造成了读者阅读、交流、思考的广阔天地。

（三）"麻雀虽小，一应俱全"的开发区城市分馆

遇书房·开发区城市分馆是由沧州市经济开发区政府与沧州图书馆联合打造的公共文化服务设施，是沧州"图书馆之城"项目中多功能综合性图书馆分馆的代表。开发区城市分馆位于开发区新建综合社区底商，紧临开明街路和兴业路，集文献信息服务与阅读推广、社会教育、文化休闲等功能于一体，可将服务半径延伸到恒泰花园、泰古·香槟郡、沧州市剑桥中学、沧州技师学校、经济开发区管委会等多所社区、学校及单位，有效解决了该地区公共文化服务资源短缺，更好地满足了周边居民的精神文化需求。

遇书房·开发区城市分馆馆舍为地上两层，建筑面积约 330 平方米，馆内设计理念新颖、环境典雅温馨、人文气息浓厚。馆藏图书 1.2 万册，设置阅览座席60 个，全馆无线网络覆盖，设有少年儿童服务区、中文图书服务区、报刊阅览区、数字资源服务区、读者交流空间。

　　馆内配备了自助借还机、自助办证机、自助读报屏、歌德电子图书借阅机等先进的服务设备，可为读者提供读者证办理、文献借阅、数字资源浏览、书目查询等服务。馆内文献全部实现与沧州图书馆、流动服务车、各城市分馆及书吧通借通还。

图 8-31　遇书房·开发区城市分馆外景

　　开发区分馆整体上采用现代主义简约风格，以体现公共图书馆的时代特征，没有过分的装饰，一切从现代公共图书馆功能出发，造型比例适度、空间结构明确，强调整体氛围的明快、简洁，从而给读者以轻松愉悦、富有朝气的感受。

　　开发区分馆一层由少年儿童服务区、文学艺术图书借阅区、数字资源服务区、咨询服务台组成。设计者结合图书馆的功能和读者的阅览习惯巧妙地将上述空间组合在一起，将设计的元素、色彩、照明、原材料简化到最小的程度且更贴近自然，从而达到以少胜多、化繁为简的目的。

图 8-32　开发区城市分馆咨询服务台

图 8-33　少年儿童服务区

图 8-34　文学艺术图书借阅区

图 8-35　二层读者阅览区一角

　　开发区分馆二层由综合图书和报刊借阅区、读者交流空间组成，整体设计强调明快、简洁。设计师充分利用良好的建筑造型和采光条件，通过书架和座椅的合理布局让读者充分享受空间和自然光的惬意，从而提升读者的阅读体验。

图 8-36　二层读者阅览区全景

图 8-37　二层读者阅览区一角

　　遇书房·开发区城市分馆是沧州图书馆着力推进公共文化服务体系建设、推动全民阅读的又一有力举措，将会促进公共文化发展成果惠及更多的人民群众，为服务城市创新、营造书香社会、提升市民综合素养与创建全国文明城市做出应有的贡献。

（四）晓岚城市分馆

图 8-38　晓岚城市分馆门头设计

"晓岚"取自沧州籍著名文化学者、《四库全书》总编纂纪晓岚。晓岚分馆是在沧州图书馆第一座城市分馆——晓岚阁分馆旧址附近新建设的现代化综合性图书馆服务平台。它的建成弥补了原晓岚阁分馆因纳入最新的城市规划建设而撤销后的空白，保障了图书馆在该区域的服务的延续性和长效性。

　　晓岚分馆建筑面积 190 平方米左右，为了最大限度地满足读者对藏书数量、阅读和活动空间需求，分馆将层高较高的一楼隔成两层，两层均设置书架，使阅读空间的藏书量增加了一倍，同时也为读者自习区提供了更多空间。这种跃层设计巧妙地利用足够的层高落差，突出了空间高差对比，增加了空间立体感，同时有助于分馆的功能区划分和动静分离。分馆一层与跃层设计相对的是灯箱文化墙。文化墙将阅读推广主题展览和红色主题展览与灯箱照明设备巧妙结合，既提升了空间设计感，又辅助了读者自习区的照明，还将党的大政方针政策、城市文化标识和图书馆服务进行了展示和宣传。

图 8-39　晓岚城市分馆一层

图 8-40　晓岚城市分馆二层阅览区

图 8-41　晓岚城市分馆二层读者活动室

晓岚城市分馆的二层由读者阅览区和"晓岚说"阅读交流空间组成。值得一提的是，设计师巧妙地利用阅览区书架上方空白处设计了"晓岚文化墙"，该文化墙展示了纪晓岚的肖像、作品、遗物、清乾隆皇帝为纪晓岚提的字以及纪晓岚对阅读和学习的独到见解。独具匠心的展览不仅增加了空间的文化气息，提升了阅读的严肃性和读者对历史文化知识的敬畏之心，还对求学者形成了一种无形的鼓励。此外，分馆用镜面玻璃幕墙将上述两个区域进行分割，不仅进一步提升了二层的空间延伸感，还方便了读者随时整理自己仪容仪表。

（五）长丰城市书吧

长丰城市书吧坐落于沧州市西南新城区长丰广场内，周边毗邻现代商业住宅区、商业园区和城市办公区，是城市年轻人新的聚集地。因此，长丰城市书吧在整体设计和服务功能上更迎合现代年轻人的审美需求和休闲趣味。

图 8-42　长丰城市书吧门头设计

图 8-43　长丰城市书吧一层咖啡吧

图 8-44　将楼梯间设计成阅读长廊

　　长丰城市书吧由咖啡吧、阅读长廊和图书借阅区三个功能区组成。沧州图书馆根据建筑空间的造型特点顺势而为，将空间较小的一层设计为咖啡吧，可以为读者提供咖啡和西式简餐服务；将宽敞明亮、造型独特的楼梯间设计为文献展览与读者阅览长廊，长廊墙壁由若干经典文献荐读展柜装饰，读者既可以在通过长廊台阶前往二层的途中驻足观赏，亦可坐在台阶上捧着自己喜欢的书籍阅读，"一步一景"的长廊台阶给读者的学习和阅读创造了无限可能。

　　长丰城市书吧二层是读者阅览区，阅览区整体装饰采用了欧式田园风格，黑色的地板、顶面，绿色的桌椅、书架和别致的灯组营造了自然舒适、轻松惬意、书香浓郁的学习和休闲氛围。书架根据空间造型依次排列成问号形状，欧式的阅览桌椅错落有致地摆放，现代化的图书馆设备一应俱全，加之咖啡的阵阵清香，吸引了大量青年读者来到这座"咖啡图书馆"休闲、学习、交流。

图 8-45　长丰城市书吧二层阅览区全景

图 8-46　长丰城市书吧二层阅览区一角

（六）浮阳城市书吧

浮阳城市书吧位于沧州市运河区浮阳北大道小金庄路东，是沧州图书馆服务北部城区的重要支点。其建筑面积 500 余平方米，分为两层，一层为成人图书借阅区，并设有单独的沙龙活动区和读者咖啡、简餐区域，二层为少儿借阅区、少儿活动区及阅读推广活动多功能室。书吧内共有藏书 14000 余册，其中少儿藏书 4000 余册，成人藏书 10000 余册，可与沧州图书馆及各分馆、城市书吧、流动书车通借通还。书吧内还配备自助借还机、自助办证机、电子借阅机等电子设备，并实现全馆 Wi-Fi 覆盖。

书吧一层的读者借阅区视野开阔、宽敞明亮、空间感强，空间墙面和柱子被整齐、庄严的通顶书架包围，这种设计既增加了空间的藏书量，又提升了空间的立体感和阅读的仪式感。沧州图书馆在读者借阅区开辟了 4 个读者交流空间，交流空间整体上呈现舒适清新的田园风格，将宽大的木质桌椅、元素多样的文化墙创意设计和书墙等设计充实其中。

书吧二层的少儿借阅区和少儿活动区运用多样明快的界面色彩、童趣的家具和卡通元素照明设施装饰，整体设计活泼靓丽，既能满足当下家庭亲子阅读的需求，又能为少年儿童提供提升自身交流、合作和学习能力的平台。此外，书吧二层还拥有专门的活动空间可以举办公益讲座、主题交流会、健康义诊及法律咨询等公益文化活动。二层的各个功能空间通过精心设计的照片墙分隔，照片墙展示了沧州图书馆基础业务工作、讲座、展览和阅读推广活动等内容，让广大市民更好地了解图书馆的各项工作和服务职能。

图 8-47　浮阳城市书吧一层读者交流空间

图 8-48　浮阳城市书吧一层读者交流空间

图 8-49　浮阳城市书吧一层阅览室

图 8-50　浮阳城市书吧二层少儿借阅区和少儿
活动区

图 8-51　浮阳城市书吧二层阅读推广活动空间

（七）世纪金苑城市分馆

　　世纪金苑城市分馆，位于浮阳南大道世纪金苑底商，毗邻城市购物中心——悦港城。馆内总面积约 120 平方米。馆藏图书 2000 余册件，其中成人图书 1600 余册，少儿图书约 300 余册。馆内实现无线网络覆盖，并配备了自助办证机、自助借还机等先进的服务设备。世纪金苑城市分馆为周边广大读者提供了更便捷的阅读条件，节省了周边读者借还书籍的时间。世纪金苑城市分馆采用暖色调，分馆书架、咨询服务台、阅览桌椅、楼梯均采用杏黄色，营造了温馨典雅、舒适明亮的阅览氛围。

图 8-52 世纪金苑城市分馆门头设计

图 8-53 世纪金苑城市分馆一层全景

图 8-54 世纪金苑城市分馆二层全景

三、遇书房·城市知识驿站

城市知识驿站是以数字资源借阅屏为主要载体的数字资源服务平台，建在特定地点，面向特定人群，通过现代化设备，利用互联网技术和数字文献资源传播知识、传递信息，免费为读者提供电子书报刊及听书资源借阅和阅读推广服务，推广全民数字阅读。

城市知识驿站由沧州图书馆与政府部门及社会力量共同建设管理，图书馆提供电子书刊借阅机、电子读报屏、配套平台及资源更新与设备维护，合作方负责提供场地空间、电源、互联网及设施设备、安全保卫、保洁等保障服务。

城市知识驿站在沧州图书馆统一管理下开展服务工作。所有知识驿站统一规范标识，2018 年实施建设工作，总计建设 15 座知识驿站，3 年内完成，分布于沧州市公共与人力资源交易中心、沧州高铁西站、沧州火车站、客运东站和西站、文化艺术中心、医院、商场等人员集中场地，与分馆书吧一同成为沧州"图书馆之城"重要组成部分，构建沧州市城区 15 分钟文献资源服务圈。城市知识驿站单个建设资金预算（政府投入部分）16 万元，年运行经费 3 万元。

图 8-55　遇书房·城市知识驿站

四、遇书房·城市阅读微空间

城市阅读微空间是沧州图书馆依托移动互联网技术和移动终端设备，以"阅读，无处不在"为理念，通过整合数字文献资源，以"形式多样、灵活方便、覆盖广泛、即点即看"为主要特点，利用手机 App、图书馆公众号、公益广告栏、公交站橱窗、阅读墙、台历等多种形式推广图书馆数字阅读服务。

图 8-56　城市阅读微空间植入公交站橱窗　　　　图 8-57　城市阅读微空间台历

阅读微空间将海量数字图书信息及在线阅览地址推送到读者身边，读者可利用智能手机或平板电脑，通过微信扫码或通过在手机上安装沧州图书馆超星移动图书馆 App，阅读 135 万种中文图书、6500 余种期刊、400 余种报纸、4000 余集大众类微视频，实现了读者即点即看、自由选择阅读海量数字文献的便捷阅读功能。星罗棋布的阅读微空间如同毛细血管将图书馆服务和数字阅读直接输送到市民的生活中，成为推广全民阅读的创新载体。目前，沧州图书馆除在市区内公交站建立 10 个"遇书房"阅读微空间外，还在沧州文化艺术场所、旅游景区打造了 20 余个"遇书房"阅读微空间。此外，将数字阅读与精美文创产品开发相结合，以台历等产品为载体将"遇书房"阅读微空间呈现在部分政府机关部门、企事业单位和社区工作人员的办公桌上，市民家庭的书房中，宾馆餐厅的客房中、餐桌上，将图书馆服务和数字阅读直接送到百姓身边，成为"图书馆之城"推广全民阅读的探头和触角及文旅融合推广全民阅读的良好平台。

五、遇书房·城市图书馆流动服务车

城市图书馆流动服务车作为基层文化延伸服务的重要载体，通过定期定点巡回服务的方式，免费为远离图书馆、公共文化设施欠完善的社区（乡镇）的市民提供文化给养。流动图书馆年均深入 60 个基层点，开展服务 192 次，成为流动于沧州城乡的一道靓丽风景线。沧州图书馆流动服务车以打造国内一流、体现沧州特色的"最美"流动图书馆为目标，车内布局合理、设计新颖、设备先进、功能齐全，配备图书 2000 余册，特别配备了大功率超静音发电机组，充分降低发电噪音，营造静谧、温馨的阅读空间。车内可同时容纳 20 余人阅读，配置图书安检门、自助借还机、馆员工作站等设备，可为读者提供图书借阅、读者证办理、预约借书、读者咨询等服务，文献借阅实现了与总馆、分馆以及城市书吧的通借通还。不仅缓解了基层群众看书难、送书下基层交通难的问题，同时也让市民的基本文化权益得到更加充分的保障。

图 8-58　城市图书馆流动服务车

图 8-59　城市图书馆流动服务车内景

图 8-60　读者在城市图书馆流动服务车上借阅

后　记

　　接到中国图书馆学会《阅读推广人系列教材》(第五辑)组稿的邀约,不胜荣幸。2014年12月,"阅读推广人"培育行动正式启动,2015年和2017年,《阅读推广人系列教材》第一辑和第二辑先后刊行;作为第五辑中的一本,《图书馆空间设计与阅读推广》试图从实践角度阐述空间设计之于阅读推广的重要性。

　　近年来,沧州图书馆积极打造"立体阅读"空间,加强阅读推广活动的主题策划,平均每年举办阅读推广活动800多场,打造了"狮城读书月""沧图讲座""狮城少年读书系列活动""尚书童亲子阅读计划""朗读沧州""话剧时空"等知名活动品牌。在图书馆建筑空间打造方面,2013年建成的沧州图书馆新馆总投资3.26亿元,占地57亩,建筑面积31714平方米,建筑以"九宫格"图作为基本布局原型,引入中国传统文化"斗"型的形象元素构成建筑的基本形体。新馆集文献传递、信息传播、社会教育、文化休闲、新技术体验于一体,内部空间布局合理,设计巧妙,各个功能区兼顾实用性与艺术性,营造多元文化氛围,支持图书馆提供文献、信息、讲座、展览等多样化服务,"遇书房·经典阅览室""国学讲读馆""专题文献馆""梦想小剧场""尚书童亲子讲读馆""创客空间"等独立空间的悉心打造,为阅读推广活动的开展提供了平台,让更多读者走进图书馆,让更多的市民享受到文化发展的成果,享受到阅读的乐趣。

　　《图书馆空间设计与阅读推广》是一部面向阅读推广人的普及型读物,主要内容分为三大部分:第一部分讲图书馆建筑空间设计,介绍了图书馆建筑空间设计的历史沿革,梳理了国内外图书馆建筑设计的发展脉络,从自然环境、城市环境、社会环境、历史文化环境四个方面阐述了建筑设计环境与阅读推广的关系。第二部分讲服务于阅读推广的图书馆内部空间设计,分析了环境心理学对图书馆内部空间设计以及阅读推广的影响,结合内部空间设计实例,详细阐述了内部空间设计的原则、基本界面设计、软装设计以及空间再造。第三部分讲服务于阅读推广的小微型公共阅读空间的设计，结合大量案例阐释了小微空间的设计原则和风格，以期为图书馆实际工作提供参考。

本书组织了以沧州图书馆业务骨干为主要力量的编写团队。全书分为八讲，各讲具体编写人员如下：

第一讲《图书馆建筑空间设计的发展》和第二讲《图书馆空间设计与阅读推广概述》由李鹏编写；

第三讲《图书馆建筑设计环境与阅读推广》由尹昊编写；

第四讲《图书馆空间的环境心理学与阅读推广》由杜二梅编写；

第五讲《图书馆内部空间设计与阅读推广》、第六讲《图书馆室内软装设计与阅读推广》和第七讲《图书馆空间再造与阅读推广》由董艳丽编写；

第八讲《小微型公共阅读空间设计与阅读推广》由刘晓彤编写。

全书由宋兆凯主编并定稿，宋英男拍摄了沧州图书馆的馆舍空间及活动照片，并对所有照片进行技术加工。

本书编写过程中，厦门、广州、上海、杭州、长沙、武汉、济南、石家庄、太原、宁波、宁夏、温州等地的公共图书馆和北京师范大学图书馆提供了宝贵的一手资料，朝华出版社的编辑老师对书稿后期编辑提出了诸多宝贵的建议，在此一并对他们表示由衷的感谢！

作为一部中国图书馆学会组织编写的阅读推广人系列培训教材，编者深知本书的框架结构和具体内容叙述还存在种种不足，时间所限，难免有偏颇不当之处，还望业界同行批评指正。

编者

2020 年 2 月